제제 수학

5-2

서사원주니어

수학을 잘하고 싶은 어린이 모여라!

안녕하세요, 어린이 여러분?

선생님은 초등학교에서 학생들을 가르치면서, 수학을 잘하고 싶지만 어려워하는 어린이들을 많이 만났어요. 그래서 여러분이 혼자서도 수학을 잘할 수 있도록, 개념을 쉽게 알려 주는 문제집을 만들었어요.

여러분, 계단을 올라가 본 적이 있지요? 계단을 한 칸 한 칸 올라가다 보면 어느새 한 층을 다 올라가 있듯, 수학 공부도 똑같아요. 매일매일 조금씩 공부하다 보면 어느새 나도 모르게 수학 실력이 쑥쑥 올라가게 될 거예요.

선생님이 만든 '제제수학'은 수학 교과서처럼 한 단계씩 차근차근 공부할 수 있어요. 개념을 이해하게 도와주는 쉬운 문제부터 천천히 공부할 수 있도록 구성했으니, 수학 진도에 맞춰서 제대로, 그리고 꾸준히 공부해 보세요.

하루하루의 노력이 모여 여러분의 수학 실력을 단단하게 만들어 줄 거예요.

-권오훈, 이세나 선생님이

이 책의 구성과 활용법

step 1 단원 내용 공부하기

▶ 학교 진도에 맞춰 단원 내용을 공부해요.
▶ 각 차시별 핵심 정리를 읽고 중요한 개념을 확인한 후 문제를 풀어요.

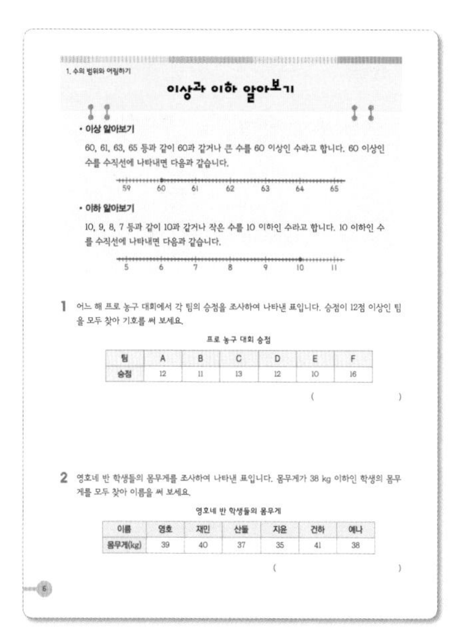
1. 수의 범위와 어림하기

이상과 이하 알아보기

• 이상 알아보기

60, 61, 63, 65 등과 같이 60과 같거나 큰 수를 60 이상인 수라고 합니다. 60 이상인 수를 수직선에 나타내면 다음과 같습니다.

59 60 61 62 63 64 65

• 이하 알아보기

10, 9, 8, 7 등과 같이 10과 같거나 작은 수를 10 이하인 수라고 합니다. 10 이하인 수를 수직선에 나타내면 다음과 같습니다.

5 6 7 8 9 10 11

1 어느 해 프로 농구 대회에서 각 팀의 승점을 조사하여 나타낸 표입니다. 승점이 12점 이상인 팀을 모두 찾아 기호를 써 보세요.

프로 농구 대회 승점

팀	A	B	C	D	E	F
승점	12	11	13	12	10	16

(　　　　　)

2 영호네 반 학생들의 몸무게를 조사하여 나타낸 표입니다. 몸무게가 38 kg 이하인 학생의 몸무게를 모두 찾아 이름을 써 보세요.

영호네 반 학생들의 몸무게

이름	영호	재민	산들	지윤	건하	예나
몸무게(kg)	39	40	37	35	41	38

(　　　　　)

6

step 2 연습 문제

계산력을 키워요.

▶ 단원의 모든 내용을 공부하고 난 뒤에 계산 연습을 해요.
▶ 계산 연습을 할 때에는 집중하여 정확하게 계산하는 태도가 중요해요.
▶ 정확하게 계산을 잘하게 되면 빠르게 계산하는 연습을 해 보세요.

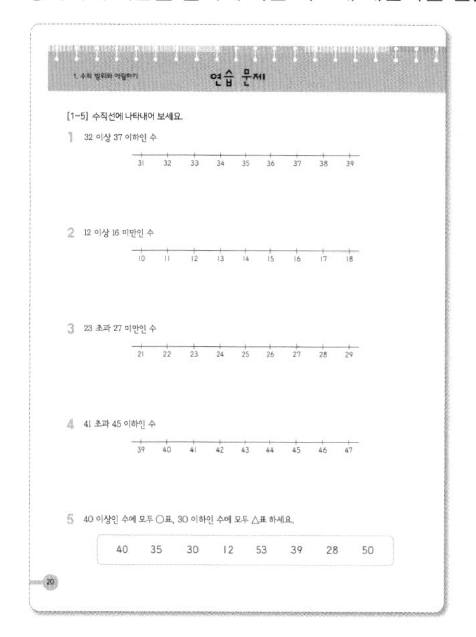
1. 수의 범위와 어림하기

연습 문제

[1~5] 수직선에 나타내어 보세요.

1 32 이상 37 이하인 수

31 32 33 34 35 36 37 38 39

2 12 이상 16 미만인 수

10 11 12 13 14 15 16 17 18

3 23 초과 27 미만인 수

21 22 23 24 25 26 27 28 29

4 41 초과 45 이하인 수

39 40 41 42 43 44 45 46 47

5 40 이상인 수에 모두 ○표, 30 이하인 수에 모두 △표 하세요.

40 35 30 12 53 39 28 50

20

step 3 단원 평가

배운 내용을 확인해요.

▶ 잘 이해했는지 확인해 보고, 배운 내용을 정리해요.
▶ 문제를 풀다가 어려운 내용이 있다면 한번 더 공부해 보세요.

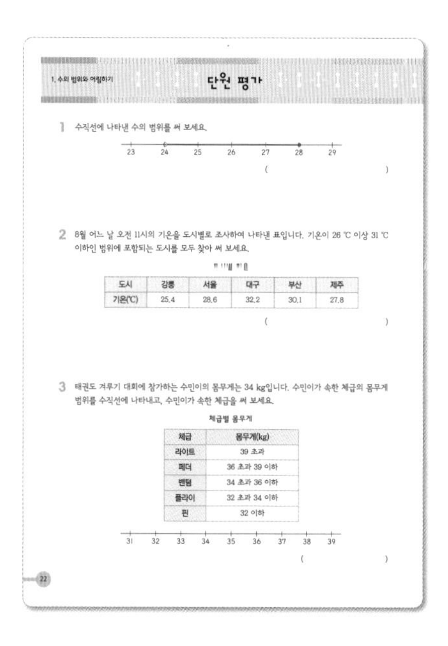
1. 수의 범위와 어림하기

단원 평가

1 수직선에 나타낸 수의 범위를 써 보세요.

23 24 25 26 27 28 29

(　　　　　)

2 8월 어느 날 오전 11시의 기온을 도시별로 조사하여 나타낸 표입니다. 기온이 26 ℃ 이상 31 ℃ 이하인 범위에 포함되는 도시를 모두 찾아 써 보세요.

도시	강릉	서울	대구	부산	제주
기온(℃)	25.4	28.6	32.2	30.1	27.8

(　　　　　)

3 태권도 겨루기 대회에 참가하는 수민이의 몸무게는 34 kg입니다. 수민이가 속한 체급의 몸무게 범위를 수직선에 나타내고, 수민이가 속한 체급을 써 보세요.

체급별 몸무게

체급	몸무게(kg)
라이트	39 초과
페더	36 초과 39 이하
밴텀	34 초과 36 이하
플라이	32 초과 34 이하
핀	32 이하

31 32 33 34 35 36 37 38 39

(　　　　　)

22

step 4 실력 키우기

응용력을 키워요.

▶ 생활 속 문제를 해결하는 힘을 길러요.
▶ 서술형 문제를 풀 때에는 문제를 꼼꼼하게 읽어야 해요. 식을 세우고 문제를 푸는 연습을 하며 실력을 키워 보세요.

1. 수의 범위와 어림하기

실력 키우기

1 버림하여 백의 자리까지 나타내면 2600이 되는 자연수 중에서 가장 큰 수를 구해 보세요.

(　　　　　)

2 효빈이네 학교 5학년 학생 수를 반올림하여 십의 자리까지 나타내면 250명입니다. 물음에 답하세요.

❶ 5학년 학생 수가 될 수 있는 수의 범위를 이상과 이하로 나타내어 보세요.

(　　　　　)

❷ 공책 2권을 모두에게 나누어 주려면 최소 몇 권을 준비해야 하는지 구해 보세요.

(　　　　　)권

3 어떤 자연수에 8을 곱해서 나온 수를 버림하여 십의 자리까지 나타내었더니 70이 되었습니다. 어떤 자연수는 얼마인지 풀이 과정을 쓰고 답을 구해 보세요.

풀이 ____________________

____

답 __________

4 어떤 수를 올림하여 십의 자리까지 나타내면 320이고 반올림하여 십의 자리까지 나타내면 310입니다. 어떤 수가 될 수 있는 수의 범위를 초과와 미만을 사용하여 구해 보세요.

(　　　　　)

24

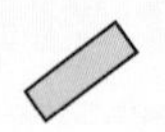
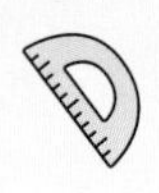

차례

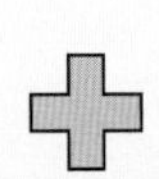
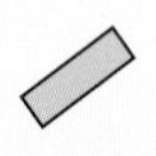
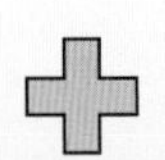

1. 수의 범위와 어림하기

- 이상과 이하 알아보기
- 초과와 미만 알아보기
- 수의 범위를 이용한 문제 해결하기
- 올림 알아보기
- 버림 알아보기
- 반올림 알아보기
- 올림, 버림, 반올림을 활용하여 문제 해결하기

이상과 이하 알아보기

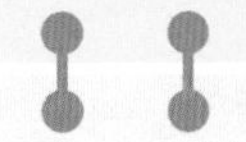

• 이상 알아보기

60, 61, 63, 65 등과 같이 60과 같거나 큰 수를 60 이상인 수라고 합니다. 60 이상인 수를 수직선에 나타내면 다음과 같습니다.

• 이하 알아보기

10, 9, 8, 7 등과 같이 10과 같거나 작은 수를 10 이하인 수라고 합니다. 10 이하인 수를 수직선에 나타내면 다음과 같습니다.

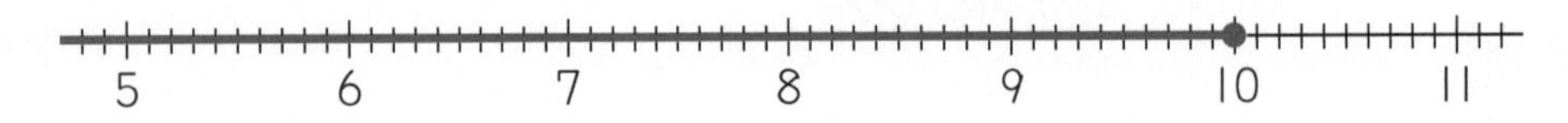

1 어느 해 프로 농구 대회에서 각 팀의 승점을 조사하여 나타낸 표입니다. 승점이 12점 이상인 팀을 모두 찾아 기호를 써 보세요.

프로 농구 대회 승점

팀	A	B	C	D	E	F
승점	12	11	13	12	10	16

( )

2 영호네 반 학생들의 몸무게를 조사하여 나타낸 표입니다. 몸무게가 38 kg 이하인 학생의 몸무게를 모두 찾아 이름을 써 보세요.

영호네 반 학생들의 몸무게

이름	영호	재민	산들	지윤	건하	예나
몸무게(kg)	39	40	37	35	41	38

( )

3 13 이하인 수를 수직선에 나타내어 보세요.

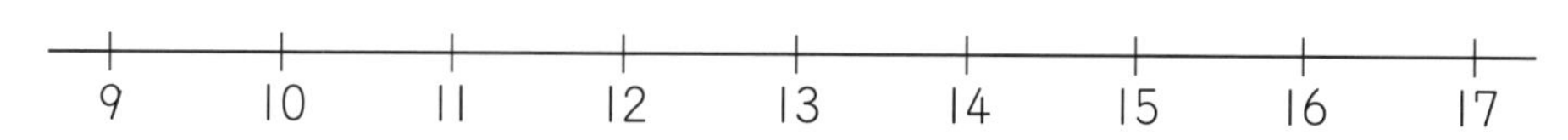

4 다음 수를 보고 물음에 답하세요.

25 31 30 34 29 28 41

❶ 30 이상인 수를 모두 찾아 ○표 하세요.

❷ 30 이하인 수를 모두 찾아 △표 하세요.

5 나이가 만 15세 이상일 때 관람할 수 있는 영화가 있습니다. 우리 가족 중에서 이 영화를 관람할 수 있는 사람은 모두 몇 명인지 써 보세요.

가족	동생	나	누나	어머니	아버지
만 나이(세)	12	14	15	42	43

( )명

6 키가 135 cm 이상, 몸무게가 40 kg 이하인 조건을 만족해야 탈 수 있는 워터 슬라이드가 있습니다. 수아와 친구들 중 이 슬라이드를 탈 수 있는 학생을 모두 찾아 이름을 써 보세요.

이름	수아	영주	호연	진호	민재	지은
키(cm)	142.7	134.5	140.5	133.2	135.7	138.4
몸무게(kg)	40.2	35.0	34.7	35.0	37.8	39.2

( )

초과와 미만 알아보기

• **초과 알아보기**

23.1, 23.9, 24.1 등과 같이 23보다 큰 수를 23 초과인 수라고 합니다. 23 초과인 수를 수직선에 나타내면 다음과 같습니다.

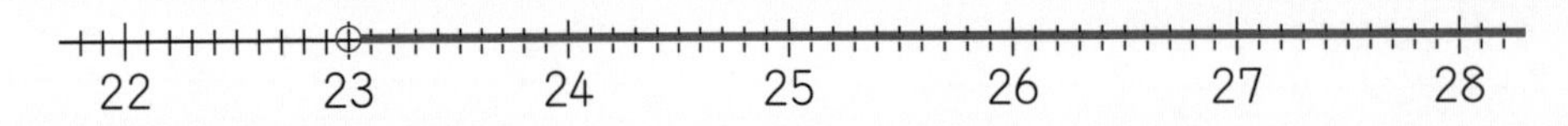

• **미만 알아보기**

119.5, 118.0, 117.8 등과 같이 120보다 작은 수를 120 미만인 수라고 합니다. 120 미만인 수를 수직선에 나타내면 다음과 같습니다.

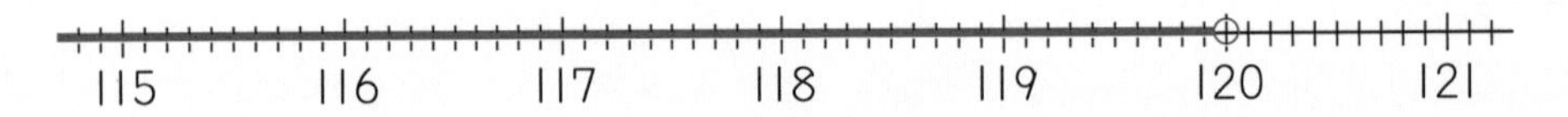

1 정원이 26명인 버스에 각각 다음과 같이 학생들이 타고 있습니다. 정원을 초과한 버스를 모두 찾아 기호를 써 보세요.

버스에 탄 학생 수

버스	가	나	다	라	마	바
학생 수(명)	27	25	24	26	28	29

( )

2 높이가 4.5 m 미만인 차만 통과할 수 있는 터널이 있습니다. 각 트럭의 높이가 다음과 같을 때 터널을 통과할 수 있는 트럭을 모두 찾아 기호를 써 보세요.

트럭의 높이

트럭	A	B	C	D	E	F
높이(m)	4.6	4.3	4.5	4.4	4.7	3.9

( )

3 25 초과인 수를 수직선에 나타내어 보세요.

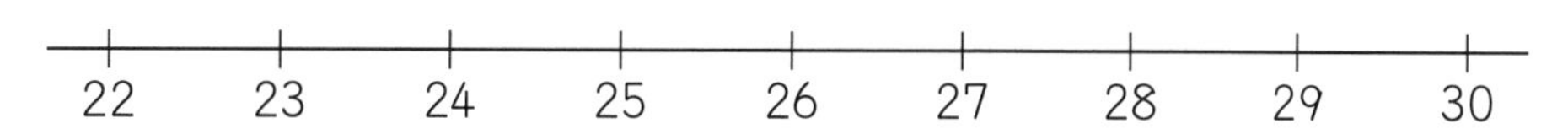

4 다음 수를 보고 물음에 답하세요.

1 2 3 4 5 6 7

❶ 4 초과인 수를 모두 찾아 써 보세요.

( )

❷ 4 미만인 수들의 합을 구해 보세요.

( )

5 읽은 책의 수가 20권 미만인 학생을 모두 찾아 이름을 써 보세요.

학생들이 읽은 책의 수

이름	주호	유겸	동규	하연	주이	민재
책 수(권)	21	19	20	18	23	20

( )

6 줄넘기 횟수가 134회 초과인 학생은 모두 몇 명인지 써 보세요.

학생들의 줄넘기 횟수

이름	성호	준영	호연	상준	미주	주혁
횟수(회)	132	136	134	135	137	133

( )명

수의 범위를 이용한 문제 해결하기

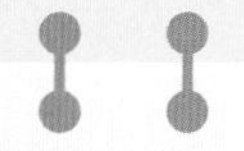

• 수의 범위를 이상, 이하, 초과, 미만을 이용하여 수직선에 나타내면 다음과 같습니다.

❶ 4 이상 8 이하인 수

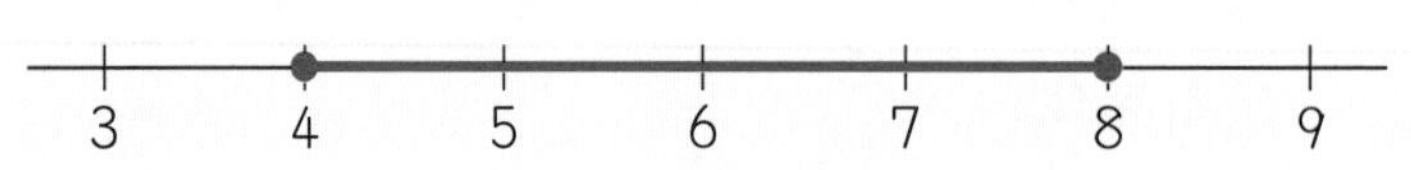

❷ 4 이상 8 미만인 수

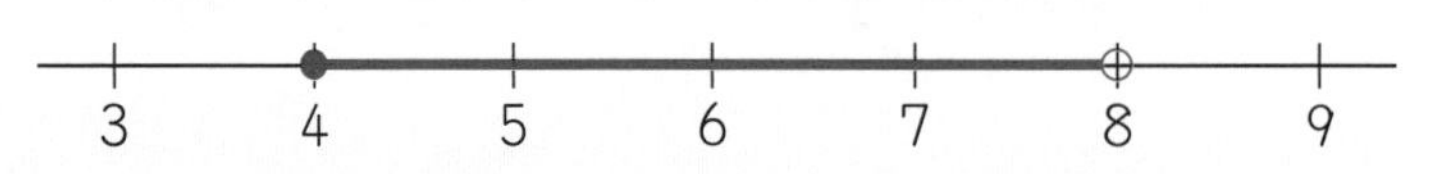

❸ 4 초과 8 이하인 수

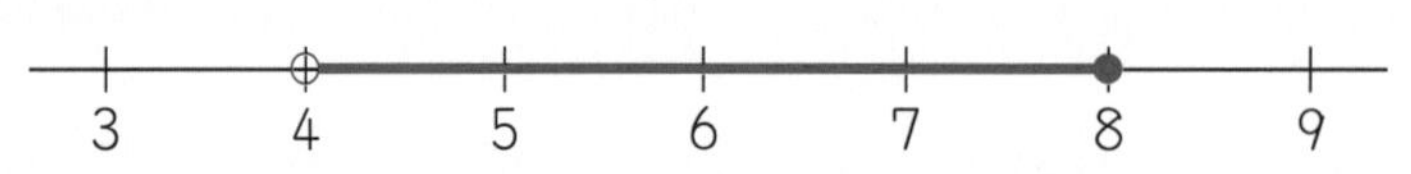

❹ 4 초과 8 미만인 수

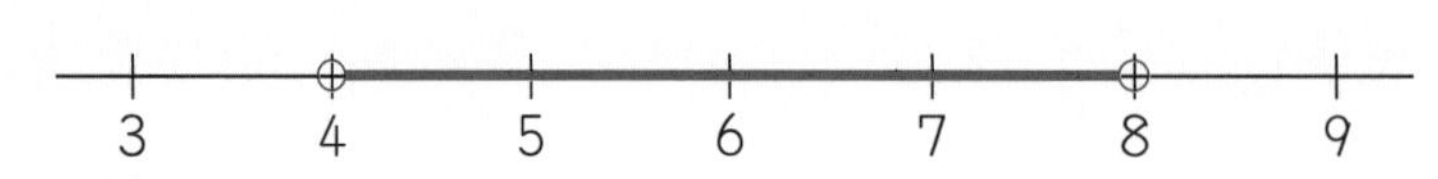

1 수직선을 보고 보기에서 알맞은 말을 골라 □ 안에 써넣으세요.

보기: 이상 이하 초과 미만

❶ 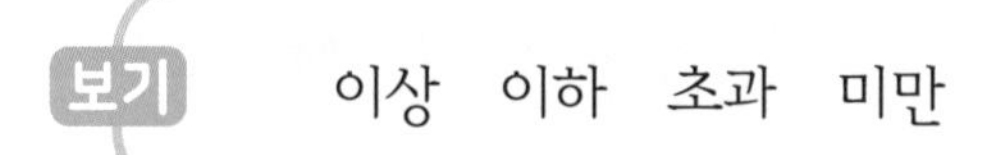

➡ 28 □ 31 □ 인 수

❷ 58 59 60 61 62 63 64 ➡ 59 □ 63 □ 인 수

2 45 이상 50 미만인 수를 모두 찾아 ○표 하세요.

44 45 46 47 48 49 50

3 주영이네 모둠 친구들이 가지고 온 달걀의 무게와 등급별 달걀의 무게를 나타낸 표입니다. 물음에 답하세요.

모둠 친구들이 가지고 온 달걀의 무게

이름	주영	승현	도윤	지혁	이담	지환	지훈
무게(g)	60	43	70	68	59	48	52

등급별 달걀의 무게

등급	무게(g)
왕란	68 이상
특란	60 이상 68 미만
대란	52 이상 60 미만
중란	44 이상 52 미만
소란	44 미만

❶ 왕란을 가져온 학생을 모두 찾아 이름을 써 보세요.

( )

❷ 대란을 가져온 학생은 모두 몇 명인지 구해 보세요.

( )명

4 성주는 무게가 4.8 kg인 물건과 8.6 kg인 물건을 각각 택배로 보내려고 합니다. 무게별 택배 요금이 다음 표와 같을 때 성주가 내야 할 택배 요금은 모두 얼마인지 구해 보세요.

무게별 택배 요금

무게(kg)	요금
3 이하	4000원
3 초과 5 이하	4500원
5 초과 7 이하	5000원
7 초과 10 이하	6000원
10 초과 15 이하	7000원

( )원

올림 알아보기

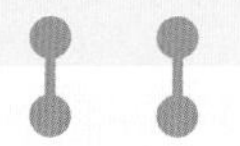

• 203을 십의 자리까지 나타내기 위하여 십의 자리 아래 수인 3을 10으로 보고 210으로 나타낼 수 있습니다.
• 구하려는 자리의 아래 수를 올려서 나타내는 방법을 올림이라고 합니다.

올림하여 십의 자리까지 나타내면

203 ➡ 210

올림하여 백의 자리까지 나타내면

203 ➡ 300

1 □ 안에 알맞게 써넣으세요.

❶ 1000원짜리 지폐로 17800원인 수박을 사려면 800원을 □원으로 생각하고 최소 □원을 내야 합니다.

❷ 10000원짜리 지폐로 23400원인 장난감을 사려면 3400원을 □원으로 생각하고 최소 □원을 내야 합니다.

❸ 필요한 구슬이 245개일 때 구슬을 100개씩 묶음으로 산다면 최소한 □개를 사야 합니다.

❹ 구하려는 자리의 아래 수를 올려서 나타내는 방법을 □(이)라고 합니다.

2 올림하여 주어진 자리까지 나타내어 보세요.

수	십의 자리	백의 자리	천의 자리
1256			
3635			

3 물음에 답하세요.

❶ 3.143을 올림하여 소수 첫째 자리까지 나타내면 얼마인지 써 보세요.

(　　　　　　　　　)

❷ 4.501을 올림하여 소수 둘째 자리까지 나타내면 얼마인지 써 보세요.

(　　　　　　　　　)

4 어림한 수의 크기를 비교하여 ○ 안에 >, =, <를 알맞게 써넣으세요.

4325를 올림하여 백의 자리까지 나타낸 수

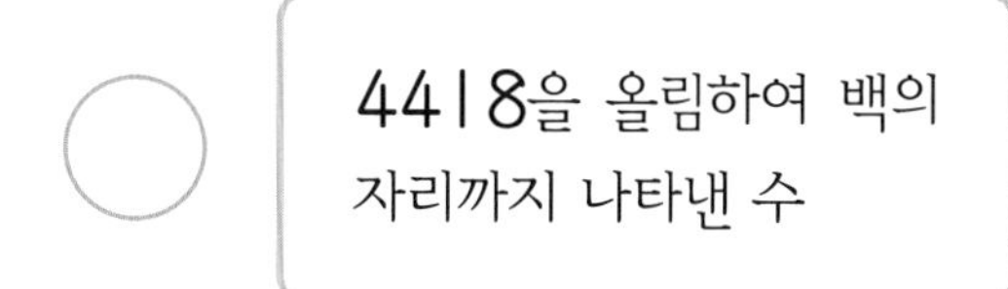

4418을 올림하여 백의 자리까지 나타낸 수

5 올림하여 십의 자리까지 나타내면 40이 되는 수를 모두 찾아 ○표 하세요.

41　　35　　29　　31　　48　　43

6 다음 수를 올림하여 백의 자리까지 나타내면 1500입니다. ㉠과 ㉡에 알맞은 수를 구해 보세요.

㉠㉡17

㉠ (　　　　　　　　　)

㉡ (　　　　　　　　　)

버림 알아보기

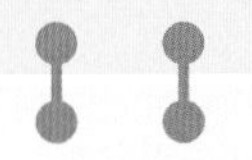

- 847을 십의 자리까지 나타내기 위하여 십의 자리 아래 수인 7을 0으로 보고 840으로 나타낼 수 있습니다.
- 구하려는 자리의 아래 수를 버려서 나타내는 방법을 버림이라고 합니다.

버림하여 십의 자리까지 나타내면

84<u>7</u> ➡ 840

버림하여 백의 자리까지 나타내면

8<u>47</u> ➡ 800

1 □ 안에 알맞게 써넣으세요.

❶ 저금통에 모은 동전 12350원을 1000원짜리 지폐로 바꾼다면 최대 □원까지 바꿀 수 있고, □원은 지폐로 바꿀 수 없습니다.

❷ 저금통에 모은 동전 43800원을 10000원짜리 지폐로 바꾼다면 최대 □원까지 바꿀 수 있고, □원은 지폐로 바꿀 수 없습니다.

❸ 필통 2450개를 100개씩 상자에 담아 포장하면 최대 □개까지 포장할 수 있습니다.

❹ 구하려는 자리의 아래 수를 버려서 나타내는 방법을 □(이)라고 합니다.

2 버림하여 주어진 자리까지 나타내어 보세요.

수	십의 자리	백의 자리	천의 자리
3028			
4281			

3 물음에 답하세요.

❶ 5.637을 버림하여 소수 첫째 자리까지 나타내면 얼마인지 써 보세요.

( )

❷ 2.638을 버림하여 소수 둘째 자리까지 나타내면 얼마인지 써 보세요.

( )

4 사과 438개를 한 상자에 10개씩 담아서 포장했습니다. 포장한 사과는 모두 몇 상자인지 구해 보세요.

( )상자

5 어림한 수의 크기를 비교하여 ○ 안에 >, =, <를 알맞게 써넣으세요.

6281을 버림하여 천의 자리까지 나타낸 수	○	6132를 버림하여 백의 자리까지 나타낸 수

6 버림하여 백의 자리까지 나타내면 3500이 되는 수를 모두 찾아 ○표 하세요.

3498	3577	3310	3601	3528

7 5273을 버림하여 백의 자리까지 나타낸 수와 5120을 버림하여 천의 자리까지 나타낸 수의 차는 얼마인지 구해 보세요.

( )

반올림 알아보기

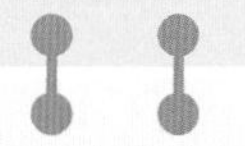

• 구하려는 자리 바로 아래 자리의 숫자가 0, 1, 2, 3, 4이면 버리고, 5, 6, 7, 8, 9이면 올려서 나타내는 방법을 반올림이라고 합니다.

반올림하여 십의 자리까지 나타내면

4145 ➡ 4150

반올림하여 백의 자리까지 나타내면

4145 ➡ 4100

1 반올림하여 주어진 자리까지 나타내어 보세요.

수	십의 자리	백의 자리	천의 자리
1256			
3635			

2 승호의 키는 132.5 cm입니다. 승호의 키를 반올림하여 일의 자리까지 나타내면 몇 cm인지 구해 보세요.

( ) cm

3 물음에 답하세요.

❶ 3.429를 반올림하여 소수 첫째 자리까지 나타내어 보세요.

( )

❷ 6.627을 반올림하여 소수 둘째 자리까지 나타내어 보세요.

( )

4 보기 의 □ 안에 들어갈 수 있는 자연수를 모두 써 보세요.

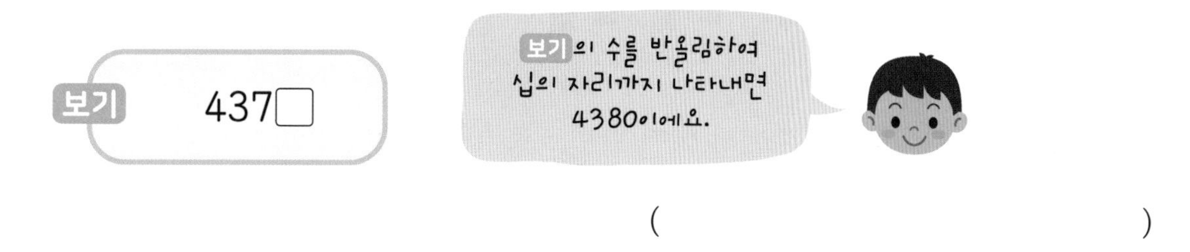

보기
437□
보기의 수를 반올림하여
십의 자리까지 나타내면
4380이에요.

( )

5 수 카드 4장이 있습니다. 물음에 답하세요.

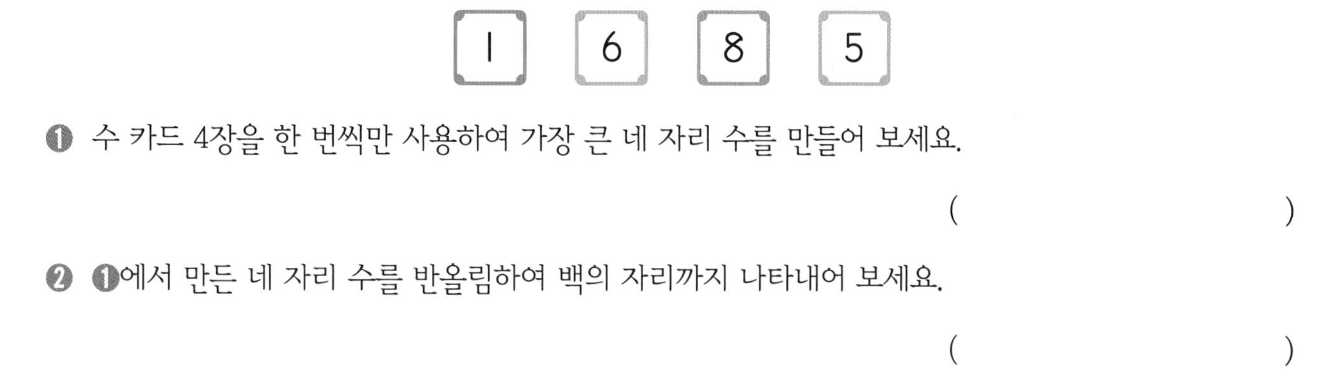

1 | 6 | 8 | 5

❶ 수 카드 4장을 한 번씩만 사용하여 가장 큰 네 자리 수를 만들어 보세요.

( )

❷ ❶에서 만든 네 자리 수를 반올림하여 백의 자리까지 나타내어 보세요.

( )

6 어떤 수를 반올림하여 십의 자리까지 나타내었더니 570이 되었습니다. 어떤 수가 될 수 있는 수의 범위를 수직선에 나타내어 보세요.

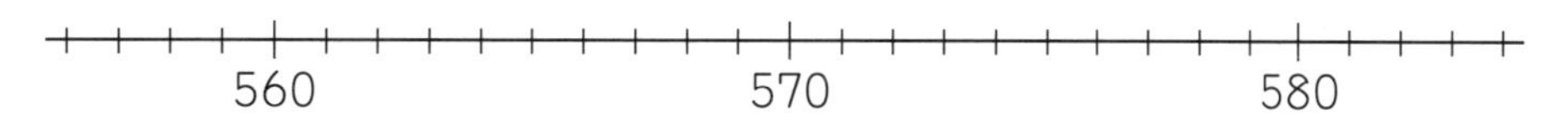

7 카타르 월드컵에서 대한민국 경기를 보러 온 관중의 수입니다. 관중의 수를 반올림하여 천의 자리까지 나타내어 보세요.

❶ 우루과이 VS 대한민국 23937명 ➡ ( )명

❷ 대한민국 VS 포르투갈 31499명 ➡ ( )명

올림, 버림, 반올림을 활용하여 문제 해결하기

• 올림, 버림, 반올림 중에서 어떤 방법으로 어림하면 좋을지 알아봅니다.

생활 속 상황	어림하는 방법
자판기에서 음료수를 뽑으려고 지폐를 넣을 경우	올림
동전을 지폐로 바꾸는 경우	버림
10개씩 묶음이나 100개씩 묶음으로 필요한 만큼 물건을 사야하는 경우	올림
농장에서 수확한 농작물을 일정한 크기의 상자에 담아 파는 경우	버림
축구 경기를 보러 온 관중의 수를 말하는 경우	반올림

1 어림이 필요한 생활 속 상황입니다. 어림하는 방법에 ○표 하고, 물음에 답하세요.

❶ 초콜릿 143개가 필요합니다. 초콜릿이 한 봉지에 10개씩 담겨 있다면 최소 몇 봉지를 사야 하는지 구해 보세요.

올림 , 버림 , 반올림

( )봉지

❷ 민우네 학교 5학년 학생들이 불우이웃 돕기를 하려고 동전을 모았습니다. 모은 동전 439480원을 10000원짜리 지폐로 바꾼다면 최대 몇 장까지 바꿀 수 있는지 구해 보세요.

올림 , 버림 , 반올림

( )장

❸ 한 상자를 포장하는 데 끈 1 m가 필요합니다. 끈 2345 cm로 최대 몇 상자까지 포장할 수 있는지 구해 보세요.

올림 , 버림 , 반올림

( )상자

2 유진이네 모둠 학생들의 몸무게를 조사하여 나타낸 표입니다. 각 학생들의 몸무게는 몇 kg인지 반올림하여 일의 자리까지 나타내어 보세요.

유진이네 모둠 학생들의 몸무게

이름	유진	진우	대영	수혁
몸무게(kg)	32.7	33.2	34.5	36.3
반올림한 몸무게(kg)				

3 어림하는 방법이 다른 사람은 누구인지 구해 보세요.

진호: 귤 347개를 10개씩 상자에 담아 포장한다면 모두 34상자 포장할 수 있어.
준영: 동전 3560원을 1000원짜리 지폐로 바꾼다면 3장으로 바꿀 수 있어.
재훈: 43.6 kg인 내 몸무게를 1 kg 단위로 가까운 쪽의 눈금을 읽으면 44 kg이야.

( )

4 문구점에서 공책 세 권과 필통 한 개를 사려고 합니다. 1000원짜리 지폐로만 물건값을 계산한다면 1000원짜리 지폐를 최소 몇 장 내야 하는지 풀이 과정을 쓰고, 답을 구해 보세요.

항목	공책	필통
가격(원)	1400	4500

풀이

답 장

연습 문제

[1~5] 수직선에 나타내어 보세요.

1 32 이상 37 이하인 수

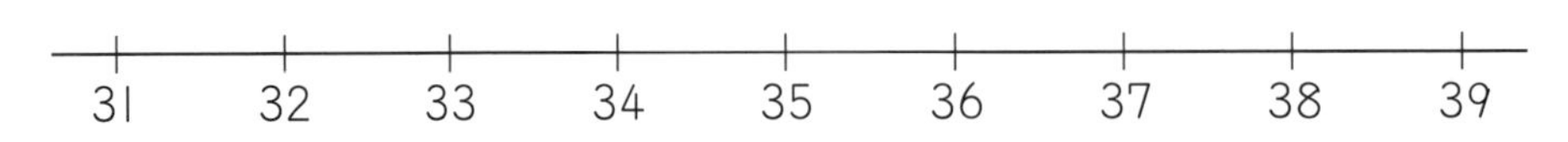

2 12 이상 16 미만인 수

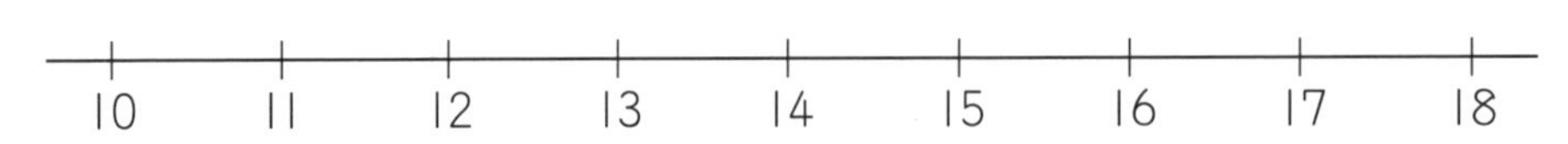

3 23 초과 27 미만인 수

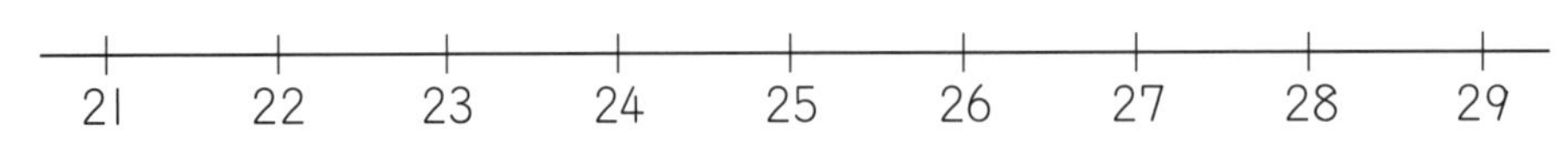

4 41 초과 45 이하인 수

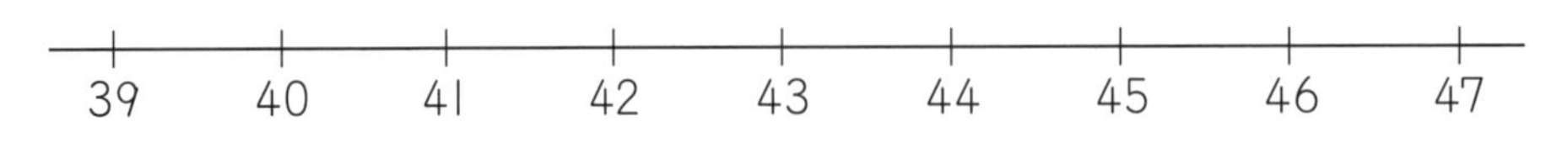

5 40 이상인 수에 모두 ○표, 30 이하인 수에 모두 △표 하세요.

40 35 30 12 53 39 28 50

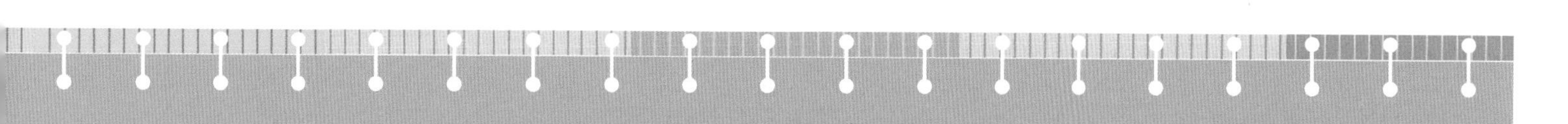

6 30 초과인 수에 모두 ○표, 25 미만인 수에 모두 △표 하세요.

25	20	34	29	30	36	40	17

7 올림을 하여 주어진 자리까지 나타내어 보세요.

수	십의 자리	백의 자리	천의 자리
1039			
2101			
3813			
5023			

8 버림을 하여 주어진 자리까지 나타내어 보세요.

수	십의 자리	백의 자리	천의 자리
7802			
6371			
2790			
5043			

9 반올림을 하여 주어진 자리까지 나타내어 보세요.

수	십의 자리	백의 자리	천의 자리
3524			
6405			
7138			
9346			

단원 평가

1 수직선에 나타낸 수의 범위를 써 보세요.

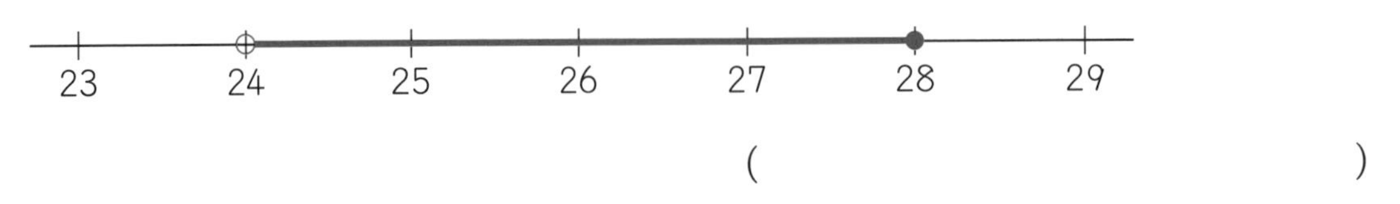

( )

2 8월 어느 날 오전 11시의 기온을 도시별로 조사하여 나타낸 표입니다. 기온이 26 ℃ 이상 31 ℃ 이하인 범위에 포함되는 도시를 모두 찾아 써 보세요.

도시별 기온

도시	강릉	서울	대구	부산	제주
기온(℃)	25.4	28.6	32.2	30.1	27.8

( )

3 태권도 겨루기 대회에 참가하는 수민이의 몸무게는 34 kg입니다. 수민이가 속한 체급의 몸무게 범위를 수직선에 나타내고, 수민이가 속한 체급을 써 보세요.

체급별 몸무게

체급	몸무게(kg)
라이트	39 초과
페더	36 초과 39 이하
밴텀	34 초과 36 이하
플라이	32 초과 34 이하
핀	32 이하

31 32 33 34 35 36 37 38 39

( )

4 지호네 과수원에서 귤 1278개를 수확했습니다. 수확한 귤을 한 상자에 100개씩 넣어 상자 단위로 팔려고 합니다. 팔 수 있는 귤은 최대 몇 개인지 구해 보세요.

( )개

5 49381을 올림하여 백의 자리까지 나타낸 수와 버림하여 천의 자리까지 나타낸 수의 차는 얼마인지 풀이 과정을 쓰고, 답을 구해 보세요.

풀이 ______________________________

____

답 ______________

6 어떤 자연수를 반올림하여 십의 자리까지 나타내었더니 650이 되었습니다. 어떤 수가 될 수 있는 수의 범위를 이상과 미만을 사용하여 나타내어 보세요.

( )

7 주영이의 키는 146.3 cm입니다. 주영이의 키를 어림하여 146 cm로 나타내었다면 어떻게 어림했는지 보기 의 단어를 이용하여 두 가지 방법으로 설명해 보세요.

보기 올림 버림 반올림

방법 1	방법 2

실력 키우기

1 버림하여 백의 자리까지 나타내면 2600이 되는 자연수 중에서 가장 큰 수를 구해 보세요.

( )

2 효빈이네 학교 5학년 학생 수를 반올림하여 십의 자리까지 나타내면 250명입니다. 물음에 답하세요.

❶ 5학년 학생 수가 될 수 있는 수의 범위를 이상과 이하로 나타내어 보세요.

( )

❷ 공책 2권을 모두에게 나누어 주려면 최소 몇 권을 준비해야 하는지 구해 보세요.

( )권

3 어떤 자연수에 8을 곱해서 나온 수를 버림하여 십의 자리까지 나타내었더니 70이 되었습니다. 어떤 자연수는 얼마인지 풀이 과정을 쓰고, 답을 구해 보세요.

풀이 ______

______

답 ______

4 어떤 수를 올림하여 십의 자리까지 나타내면 320이고 반올림하여 십의 자리까지 나타내면 310입니다. 어떤 수가 될 수 있는 수의 범위를 초과와 미만을 사용하여 구해 보세요.

( )

2. 분수의 곱셈

- (분수) × (자연수) 알아보기
- (자연수) × (분수) 알아보기
- 진분수의 곱셈 알아보기
- 여러 가지 분수의 곱셈 알아보기

(분수)×(자연수) 알아보기

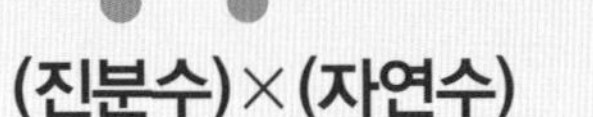

(진분수)×(자연수)

• 분수의 분자와 자연수를 곱하여 계산합니다.

방법 1

$$\frac{3}{8}\times 4=\frac{3\times 4}{8}=\frac{\overset{3}{\cancel{12}}}{\underset{2}{\cancel{8}}}=\frac{3}{2}=1\frac{1}{2}$$

방법 2

$$\frac{3}{\underset{2}{\cancel{8}}}\times \overset{1}{\cancel{4}}=\frac{3\times 1}{2}=\frac{3}{2}=1\frac{1}{2}$$

(대분수)×(자연수)

방법 1

대분수를 가분수로 나타내어 계산합니다.

$$1\frac{2}{3}\times 2=\frac{5}{3}\times 2=\frac{5\times 2}{3}$$
$$=\frac{10}{3}=3\frac{1}{3}$$

방법 2

대분수를 자연수와 진분수의 합으로 보고 계산할 수 있습니다.

$$1\frac{2}{3}\times 2=(1\times 2)+\left(\frac{2}{3}\times 2\right)$$
$$=2+\frac{4}{3}=2+1\frac{1}{3}=3\frac{1}{3}$$

1 보기 와 같이 계산해 보세요.

보기 $\frac{3}{\underset{2}{\cancel{14}}}\times \overset{1}{\cancel{7}}=\frac{3\times 1}{2}=\frac{3}{2}=1\frac{1}{2}$

$\frac{5}{12}\times 8$

2 $2\frac{3}{16}\times 4$를 두 가지 방법으로 계산해 보세요.

방법 1 대분수를 가분수로 고쳐서 계산하기	방법 2 대분수를 자연수와 진분수의 합으로 보고 계산하기

3 잘못 계산한 학생을 찾아 이름을 쓰고, 식을 바르게 고쳐 계산해 보세요.

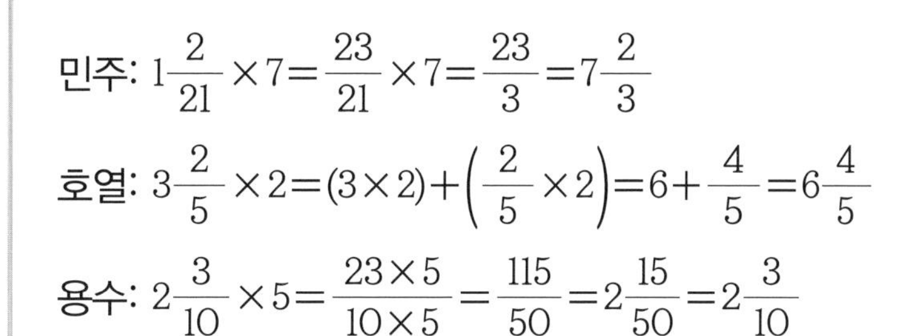

민주: $1\frac{2}{21}\times7=\frac{23}{21}\times7=\frac{23}{3}=7\frac{2}{3}$

호열: $3\frac{2}{5}\times2=(3\times2)+\left(\frac{2}{5}\times2\right)=6+\frac{4}{5}=6\frac{4}{5}$

용수: $2\frac{3}{10}\times5=\frac{23\times5}{10\times5}=\frac{115}{50}=2\frac{15}{50}=2\frac{3}{10}$

이름 ____________ 식 ____________________________

4 계산 결과가 같은 것끼리 이어 보세요.

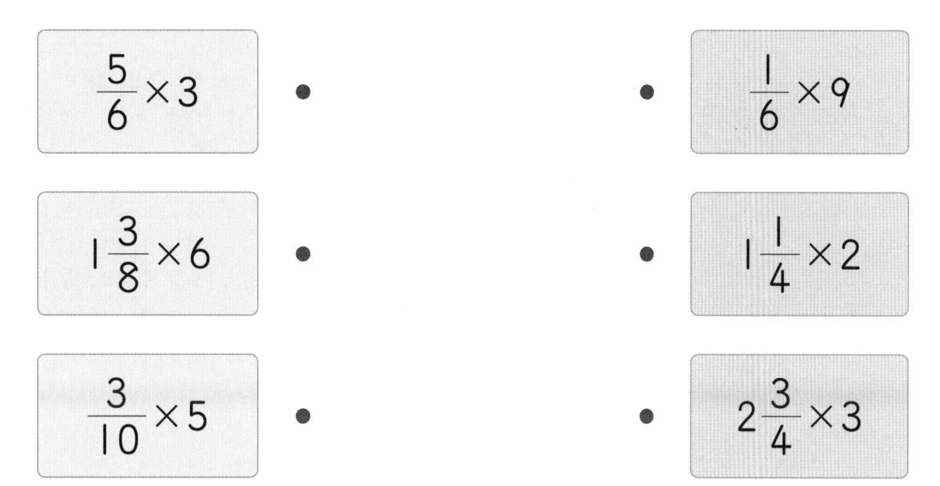

5 한 변의 길이가 $\frac{7}{12}$ m인 정사각형의 둘레는 몇 m인지 구해 보세요.

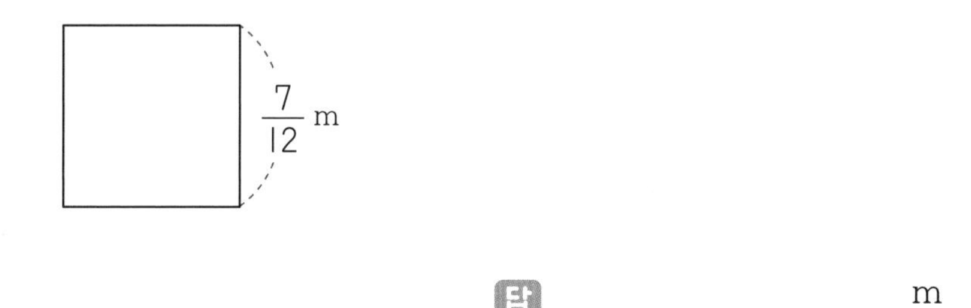

식 ____________________ 답 ____________ m

6 주연이는 매일 $1\frac{3}{5}$ L의 물을 마십니다. 일주일 동안 주연이가 마시는 물의 양은 얼마인지 식을 쓰고 답을 구해 보세요.

식 ____________________ 답 ____________ L

(자연수)×(분수) 알아보기

(자연수)×(진분수)

• 자연수와 분수의 분자를 곱하여 계산합니다.

방법 1

$$8\times\frac{5}{6}=\frac{8\times5}{6}=\frac{\overset{20}{\cancel{40}}}{\underset{3}{\cancel{6}}}=\frac{20}{3}=6\frac{2}{3}$$

방법 2

$$\overset{4}{\cancel{8}}\times\frac{5}{\underset{3}{\cancel{6}}}=\frac{4\times5}{3}=\frac{20}{3}=6\frac{2}{3}$$

(자연수)×(대분수)

방법 1

• 대분수를 가분수로 나타내어 계산합니다.

$$5\times1\frac{3}{10}=\overset{1}{\cancel{5}}\times\frac{13}{\underset{2}{\cancel{10}}}=\frac{13}{2}=6\frac{1}{2}$$

방법 2

• 대분수를 자연수와 진분수의 합으로 보고 계산할 수 있습니다.

$$5\times1\frac{3}{10}=(5\times1)+\left(\overset{1}{\cancel{5}}\times\frac{3}{\underset{2}{\cancel{10}}}\right)$$

$$=5+\frac{3}{2}=5+1\frac{1}{2}=6\frac{1}{2}$$

• 자연수에 곱하는 수가
- 1보다 더 크면 값이 커집니다.
- 1과 같으면 값이 변하지 않습니다.
- 1보다 더 작으면 값이 작아집니다.

1 보기 와 같이 계산해 보세요.

보기

$$\overset{1}{\cancel{5}}\times\frac{4}{\underset{3}{\cancel{15}}}=\frac{1\times4}{3}=\frac{4}{3}=1\frac{1}{3}$$

❶ $6\times\frac{3}{4}$

❷ $16\times\frac{3}{10}$

2 $6\times2\frac{4}{9}$를 두 가지 방법으로 계산해 보세요.

방법 1 대분수를 가분수로 고쳐서 계산하기	방법 2 대분수를 자연수와 진분수의 합으로 보고 계산하기

3 계산해 보세요.

❶ $18\times\frac{5}{12}$

❷ $8\times2\frac{3}{10}$

4 잘못 계산한 이유를 쓰고 바르게 계산해 보세요.

$$\overset{2}{\cancel{6}}\times1\frac{4}{\underset{5}{\cancel{15}}}=2\times1\frac{4}{5}=2\times\frac{9}{5}=\frac{18}{5}=3\frac{3}{5}$$

이유 ________________________________

바르게 계산하기 ________________________________

5 계산 결과가 3보다 큰 식에 ○표, 3보다 작은 식에 △표 하세요.

$3\times1\frac{1}{2}$, $3\times\frac{7}{8}$, $3\times\frac{13}{6}$, $3\times2\frac{1}{10}$, $3\times\frac{3}{5}$, $3\times\frac{9}{7}$

6 직사각형 가와 나가 있습니다. 가의 넓이는 나의 넓이보다 몇 cm^2 더 넓은지 구해 보세요.

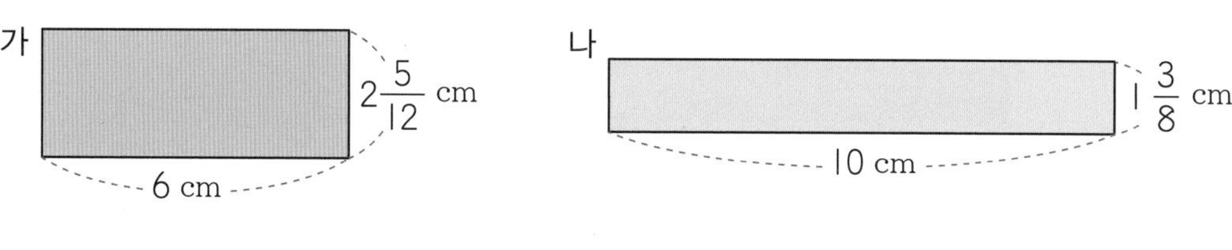

➡ 가의 넓이는 나의 넓이보다 ☐ cm^2 더 넓습니다.

진분수의 곱셈 알아보기

• (진분수)×(진분수)는 분자는 분자끼리, 분모는 분모끼리 곱하여 계산합니다.

방법 1

$$\frac{2}{3}\times\frac{3}{4}=\frac{\overset{1}{\cancel{2}}\times\overset{1}{\cancel{3}}}{\underset{1}{\cancel{3}}\times\underset{2}{\cancel{4}}}=\frac{1}{2}$$

방법 2

$$\frac{\overset{1}{\cancel{2}}}{\underset{1}{\cancel{3}}}\times\frac{\overset{1}{\cancel{3}}}{\underset{2}{\cancel{4}}}=\frac{1\times1}{1\times2}=\frac{1}{2}$$

• 세 분수의 곱셈

방법 1 앞에서부터 차례로 계산합니다.

$$\frac{2}{3}\times\frac{2}{5}\times\frac{5}{8}=\frac{\overset{1}{\cancel{4}}}{\underset{3}{\cancel{15}}}\times\frac{\overset{1}{\cancel{5}}}{\underset{2}{\cancel{8}}}=\frac{1}{6}$$

방법 2 세 분수를 한번에 계산합니다.

$$\frac{\overset{1}{\cancel{2}}}{3}\times\frac{\overset{1}{\cancel{2}}}{\underset{1}{\cancel{5}}}\times\frac{\overset{1}{\cancel{5}}}{\underset{2}{\cancel{8}}}=\frac{1}{6}$$

1 그림을 보고 □ 안에 알맞은 수를 써넣으세요.

❶

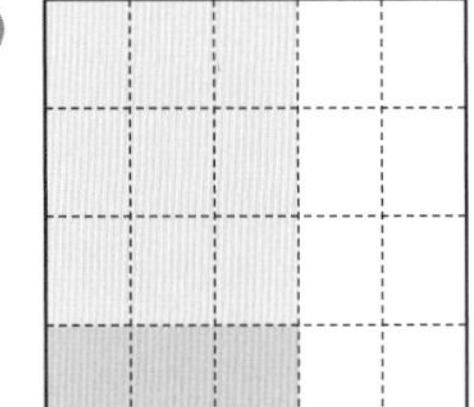

$$\frac{3}{5}\times\frac{1}{4}=\frac{\square\times\square}{\square\times\square}=\frac{\square}{\square}$$

❷

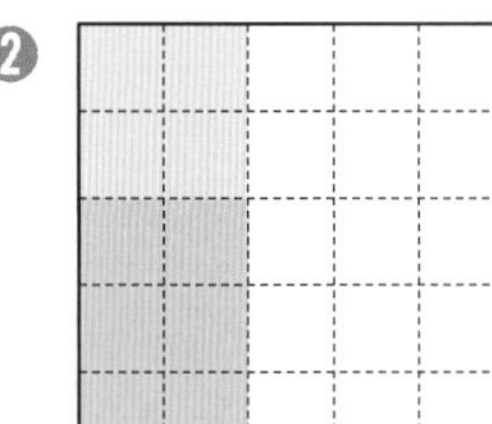

$$\frac{2}{5}\times\frac{3}{5}=\frac{\square\times\square}{\square\times\square}=\frac{\square}{\square}$$

2 그림을 보고 □ 안에 알맞은 수를 써넣으세요.

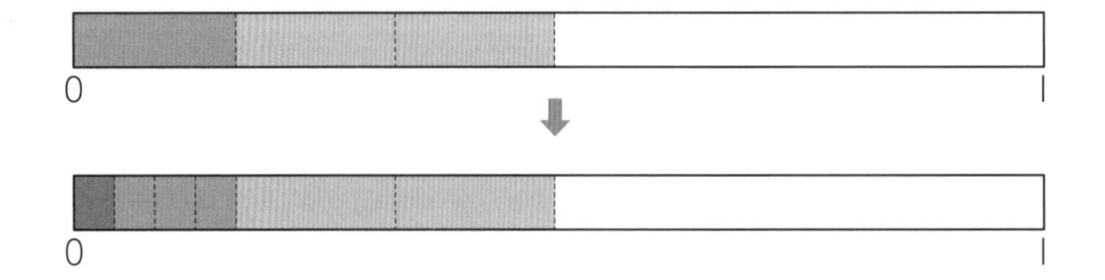

$$\frac{1}{2}\times\frac{1}{3}\times\frac{1}{4}=\frac{\square}{\square}\times\frac{1}{4}=\frac{\square}{\square}$$

3 계산해 보세요.

❶ $\frac{1}{4}\times\frac{1}{5}$

❷ $\frac{1}{2}\times\frac{4}{5}$

❸ $\frac{5}{11}\times\frac{1}{5}$

❹ $\frac{5}{9}\times\frac{3}{10}$

❺ $\frac{1}{3}\times\frac{3}{5}\times\frac{3}{4}$

❻ $\frac{7}{12}\times\frac{3}{8}\times\frac{6}{7}$

4 보기 에서 가장 큰 수와 가장 작은 수를 찾아 쓰고, 곱을 구해 보세요.

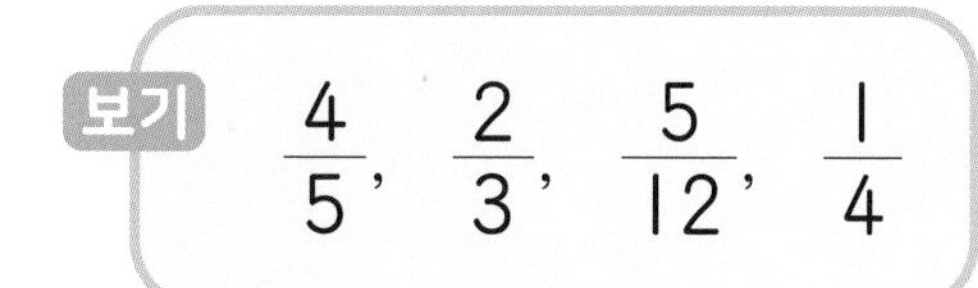
보기 $\frac{4}{5}$, $\frac{2}{3}$, $\frac{5}{12}$, $\frac{1}{4}$

가장 큰 수 ______ 가장 작은 수 ______ 곱 ______

5 찰흙 $\frac{14}{15}$ kg의 $\frac{5}{7}$만큼을 사용하여 미술 작품을 만들었습니다. 사용한 찰흙은 몇 kg인지 식을 쓰고 답을 구해 보세요.

식 ______ 답 ______ kg

6 어떤 수에 $\frac{1}{4}$을 곱해야 할 것을 잘못하여 더했더니 $\frac{5}{8}$가 되었습니다. 바르게 계산한 값은 얼마인지 풀이 과정을 쓰고 답을 구해 보세요.

풀이 ______

______

답 ______

여러 가지 분수의 곱셈 알아보기

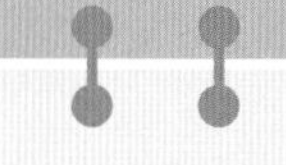

(대분수)×(대분수)

방법 1

대분수를 가분수로 나타내어 계산합니다.

$$1\frac{1}{5}\times1\frac{1}{4}=\frac{\overset{3}{\cancel{6}}}{\underset{1}{\cancel{5}}}\times\frac{\overset{1}{\cancel{5}}}{\underset{2}{\cancel{4}}}=\frac{3\times1}{1\times2}$$

$$=\frac{3}{2}=1\frac{1}{2}$$

방법 2

대분수를 자연수 부분과 진분수 부분으로 구분하여 계산합니다.

$$1\frac{1}{5}\times1\frac{1}{4}=\left(1\frac{1}{5}\times1\right)+\left(1\frac{1}{5}\times\frac{1}{4}\right)$$

$$=1\frac{1}{5}+\left(\frac{\overset{3}{\cancel{6}}}{5}\times\frac{1}{\underset{2}{\cancel{4}}}\right)$$

$$=1\frac{1}{5}+\frac{3}{10}=1\frac{2}{10}+\frac{3}{10}$$

$$=1\frac{5}{10}=1\frac{1}{2}$$

1 그림을 보고 □ 안에 알맞은 수를 써넣으세요.

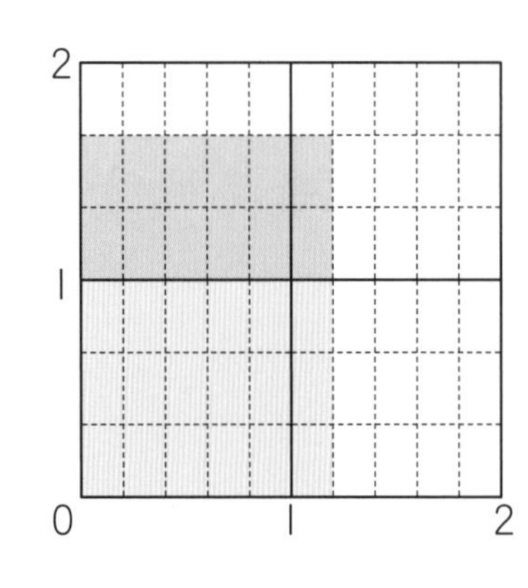

$$1\frac{1}{5}\times1\frac{2}{3}=\left(1\frac{1}{5}\times1\right)+\left(1\frac{1}{5}\times\frac{\square}{\square}\right)$$

$$=1\frac{1}{5}+\left(\frac{\square}{5}\times\frac{2}{3}\right)$$

$$=1\frac{1}{5}+\frac{\square}{5}=\square\frac{\square}{\square}=\square$$

2 계산해 보세요.

❶ $2\frac{1}{3}\times1\frac{6}{7}$

❷ $2\frac{1}{7}\times1\frac{3}{5}$

❸ $6\frac{2}{5}\times1\frac{7}{8}$

❹ $1\frac{3}{5}\times4\frac{5}{8}$

3 가로가 $5\frac{1}{3}$ m, 세로가 $2\frac{1}{6}$ m인 직사각형 모양의 텃밭이 있습니다. 이 텃밭의 넓이를 구해 보세요.

( ) m^2

4 □ 안에 알맞은 수를 써넣으세요.

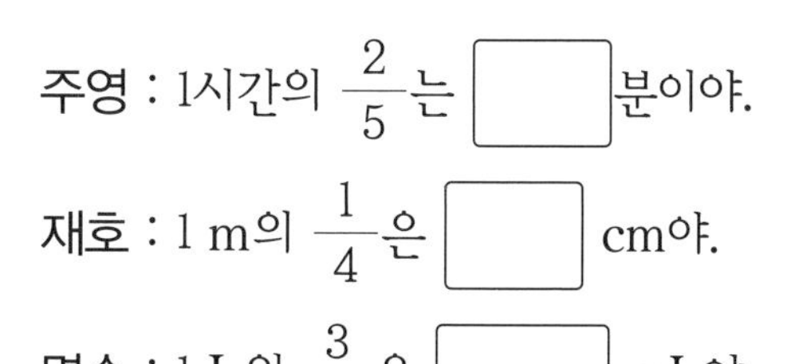

주영 : 1시간의 $\frac{2}{5}$는 □분이야.
재호 : 1 m의 $\frac{1}{4}$은 □cm야.
명수 : 1 L의 $\frac{3}{8}$은 □mL야.

5 학교 도서관에 있는 아동 도서는 전체 도서의 $\frac{4}{5}$입니다. 아동 도서의 $\frac{7}{10}$은 동화책이고 그중 $\frac{5}{7}$는 전래 동화입니다. 전래 동화는 전체 도서의 몇 분의 몇인지 식을 쓰고 답을 구해 보세요.

식 ______________________ 답 ______________

6 민준이가 설명하는 자동차는 $4\frac{1}{2}$ L의 휘발유로 몇 km를 갈 수 있는지 구해 보세요.

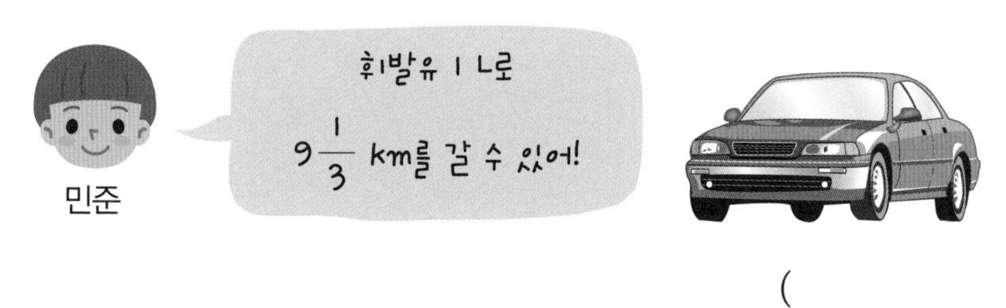

휘발유 1 L로
$9\frac{1}{3}$ km를 갈 수 있어!
민준

( ) km

연습 문제

[1~28] 분수의 곱셈을 계산해 보세요.

1 $\frac{1}{5}\times3$

2 $\frac{1}{4}\times2$

3 $\frac{3}{5}\times10$

4 $\frac{5}{14}\times7$

5 $2\frac{3}{8}\times6$

6 $1\frac{3}{4}\times10$

7 $16\times\frac{1}{8}$

8 $18\times\frac{5}{9}$

9 $2\times\frac{2}{3}$

10 $14\times\frac{5}{6}$

11 $3\times2\frac{1}{7}$

12 $6\times1\frac{2}{9}$

13 $4\times3\frac{1}{8}$

14 $3\times1\frac{2}{5}$

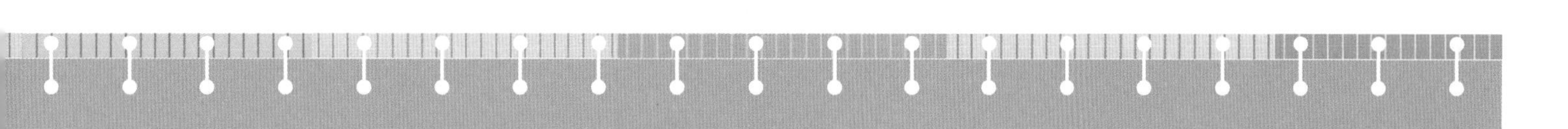

15 $\frac{1}{4} \times \frac{1}{2}$

16 $\frac{1}{8} \times \frac{2}{5}$

17 $\frac{5}{6} \times \frac{3}{5}$

18 $\frac{2}{3} \times \frac{4}{5}$

19 $\frac{7}{15} \times \frac{5}{14}$

20 $\frac{7}{8} \times \frac{4}{21}$

21 $1\frac{2}{5} \times 2\frac{1}{2}$

22 $2\frac{3}{7} \times 2\frac{1}{10}$

23 $3\frac{3}{8} \times 3\frac{1}{5}$

24 $2\frac{2}{3} \times 1\frac{5}{12}$

25 $\frac{5}{6} \times \frac{3}{10} \times \frac{2}{3}$

26 $\frac{3}{4} \times \frac{1}{3} \times \frac{8}{9}$

27 $\frac{1}{2} \times \frac{2}{3} \times \frac{5}{7}$

28 $\frac{3}{5} \times \frac{7}{15} \times \frac{10}{21}$

단원 평가

1 $2\frac{2}{5}\times1\frac{2}{3}$를 두 가지 방법으로 계산해 보세요.

방법 1 대분수를 가분수로 고쳐서 계산하기

$2\frac{2}{5}\times1\frac{2}{3}=$

방법 2 곱하는 대분수를 자연수 부분과 진분수 부분으로 구분하여 계산하기

$2\frac{2}{5}\times1\frac{2}{3}=$

2 계산 결과가 가장 큰 것을 찾아 기호를 써 보세요.

㉠ $\frac{3}{4}\times1\frac{1}{7}$ ㉡ $1\frac{4}{5}\times\frac{7}{18}$ ㉢ $2\frac{2}{3}\times2\frac{1}{4}$ ㉣ $6\times\frac{3}{4}$

( )

3 색 테이프를 8등분 한 것입니다. 색칠한 부분의 길이는 몇 cm인지 구해 보세요.

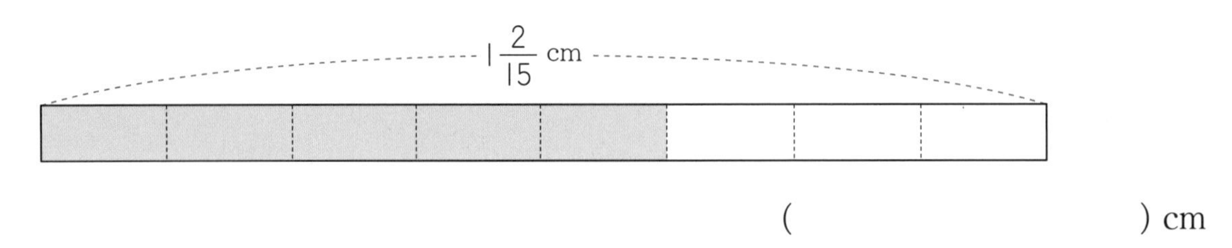

( ) cm

4 세 수의 곱을 구해 보세요.

$\frac{5}{8}$ $\frac{2}{7}$ $\frac{7}{15}$

( )

5 ○ 안에 >, =, <를 알맞게 써넣으세요.

❶ $\frac{1}{5}$ ○ $\frac{1}{5}\times\frac{1}{2}$

❷ $\frac{1}{3}$ ○ $\frac{1}{3}\times 1$

❸ $\frac{3}{7}\times\frac{1}{5}$ ○ $\frac{3}{7}\times\frac{2}{5}$

❹ $\frac{1}{4}\times 1\frac{1}{4}$ ○ $\frac{3}{4}\times\frac{1}{4}$

6 정사각형의 둘레는 몇 cm인지 구해 보세요.

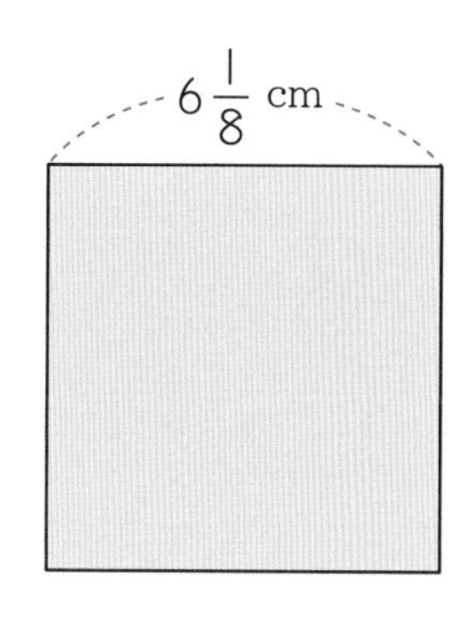

( ) cm

7 영민이네 학교의 5학년 학생 수는 전체 학생 수의 $\frac{3}{7}$입니다. 5학년 학생 수의 $\frac{5}{8}$가 남학생이고, 그중에서 $\frac{2}{5}$는 축구를 좋아합니다. 축구를 좋아하는 5학년 남학생은 전체 학생의 몇 분의 몇인지 구해 보세요.

풀이 ____________________

답 ____________________

8 수 카드 [2], [3], [4]를 한 번씩 모두 사용하여 만들 수 있는 가장 큰 대분수와 가장 작은 대분수의 곱은 얼마인지 식을 쓰고 답을 구해 보세요.

식 ____________________ 답 ____________________

실력 키우기

1 민석이는 어제 책 한 권의 $\frac{1}{5}$을 읽었고, 오늘은 어제 읽고 난 나머지의 $\frac{3}{4}$을 읽었습니다. 책 한 권이 250쪽일 때 오늘은 몇 쪽을 읽었는지 구해 보세요.

( )쪽

2 한 시간에 $4\frac{2}{3}$ km의 일정한 빠르기로 달리는 전기 자전거를 타고 1시간 20분 동안 이동하여 목적지에 도착하였습니다. 전기 자전거를 타고 이동한 거리는 모두 몇 km인지 식을 쓰고 답을 구해 보세요.

식 ______________________ 답 ____________ km

3 유민이는 색종이로 직사각형 가와 평행사변형 나를 만들었습니다. 가와 나 중 어느 것이 몇 cm^2 더 넓은지 구해 보세요.

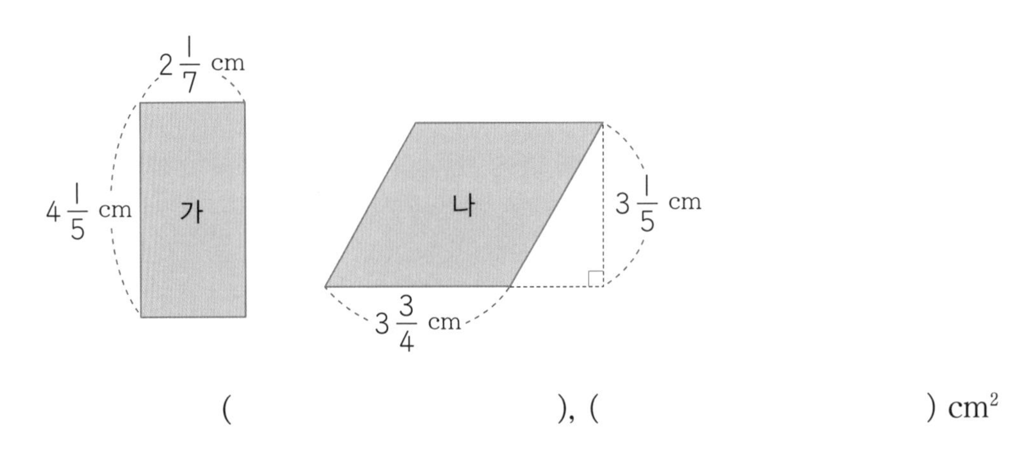

( ), ( ) cm^2

4 3분 동안 $1\frac{3}{5}$ cm씩 타는 양초가 있습니다. 이 양초에 불을 붙인 지 9분이 지난 후 양초의 길이를 재었더니 처음 양초 길이의 $\frac{5}{6}$가 되었습니다. 처음 양초의 길이는 몇 cm인지 풀이 과정을 쓰고, 답을 구해 보세요.

풀이 ______________________________________

____

답 ____________ cm

- 도형의 합동 알아보기
- 합동인 도형의 성질 알아보기
- 선대칭도형과 그 성질 알아보기
- 점대칭도형과 그 성질 알아보기

도형의 합동 알아보기

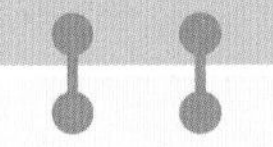

• 모양과 크기가 같아서 밀거나, 뒤집거나, 돌려서 포개었을 때 완전히 겹치는 두 도형을 서로 합동이라고 합니다.

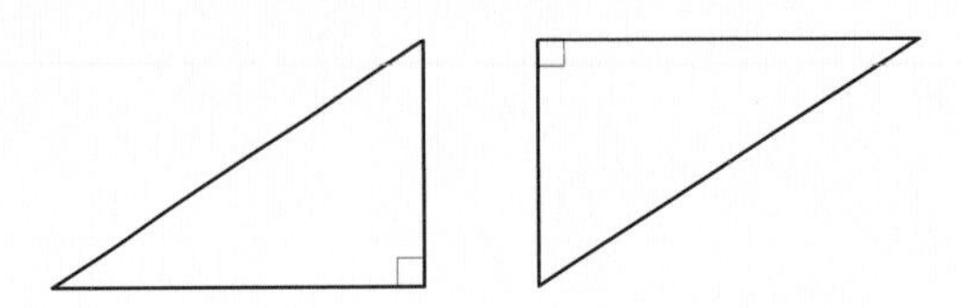

1 왼쪽 도형과 포개었을 때 완전히 겹치는 도형을 찾아 기호를 써 보세요.

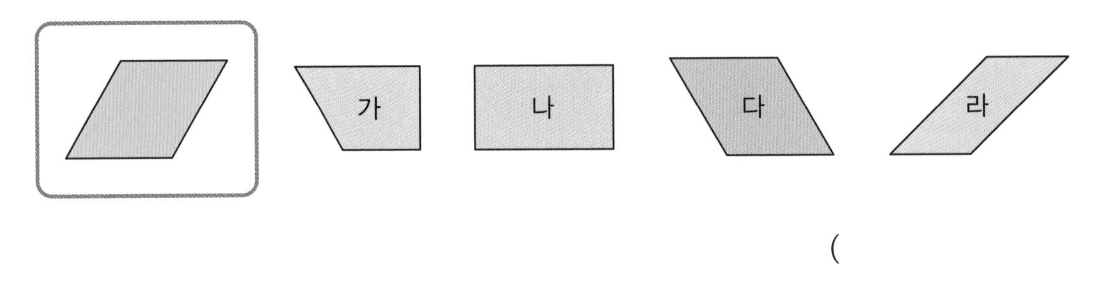

( )

2 □ 안에 알맞은 말을 써넣으세요.

모양과 크기가 같아서 포개었을 때 완전히 겹치는 두 도형을 서로 □(이)라고 합니다.

3 왼쪽 도형과 서로 합동인 도형을 찾아 ○표 하세요.

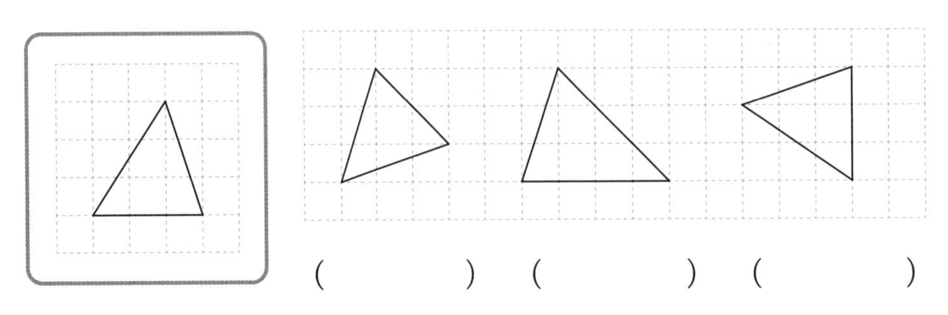

( ) ( ) ( )

4 정사각형의 점선을 따라 잘랐을 때 잘린 두 도형이 서로 합동인 것을 모두 찾아 ○표 하세요.

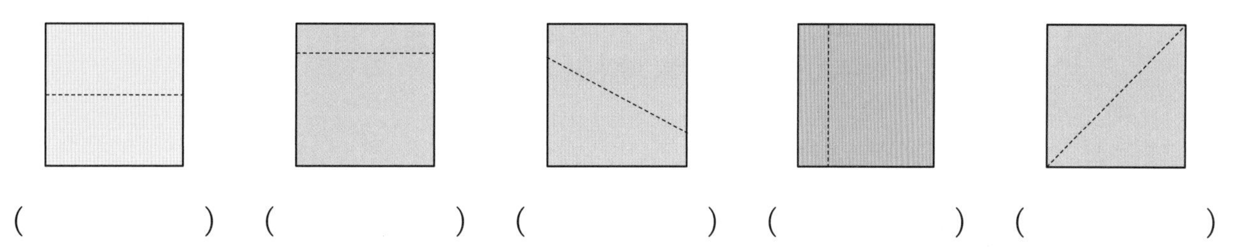

( ) ( ) ( ) ( ) ( )

5 주어진 도형과 서로 합동인 도형을 그려 보세요.

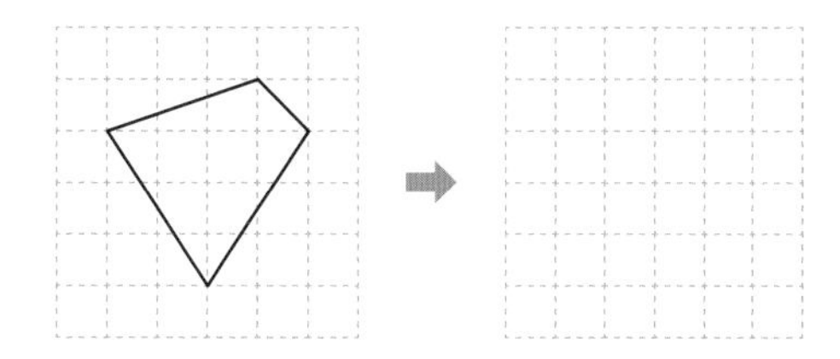

6 서로 합동인 두 도형을 찾아 기호를 써 보세요.

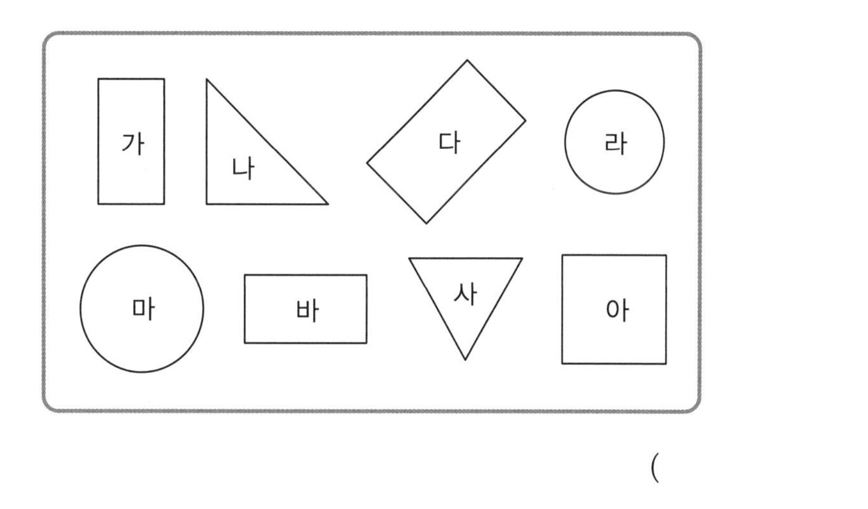

( )

7 마름모를 점선을 따라 잘랐을 때 만들어지는 두 도형이 서로 합동이 되는 점선을 모두 찾아 기호를 써 보세요.

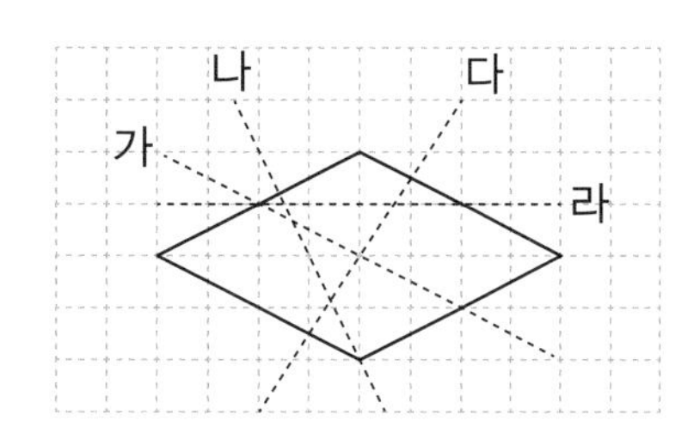

( )

합동인 도형의 성질 알아보기

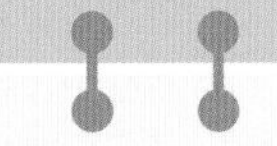
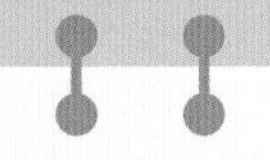

대응점, 대응변, 대응각 알아보기

- 서로 합동인 두 도형을 포개었을 때 완전히 겹치는 점을 대응점, 겹치는 변을 대응변, 겹치는 각을 대응각이라고 합니다.

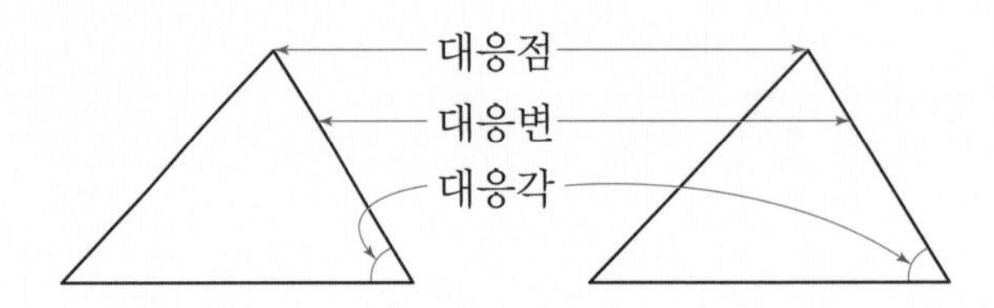

합동인 도형의 성질

- 각각의 대응변의 길이는 서로 같습니다.
- 각각의 대응각의 크기는 서로 같습니다.

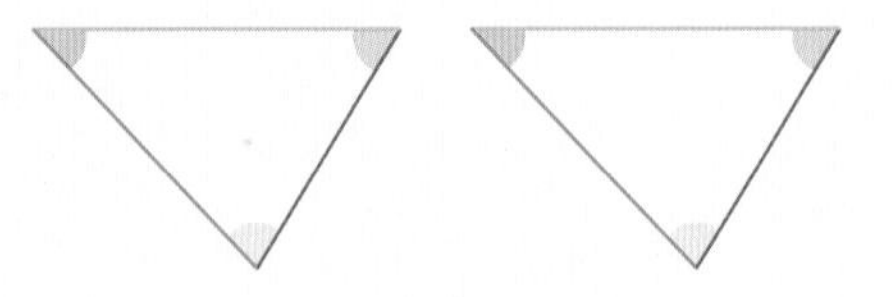

1 두 삼각형은 서로 합동입니다. □ 안에 알맞게 써넣으세요.

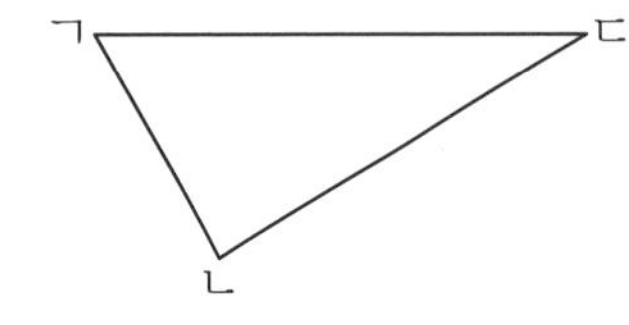

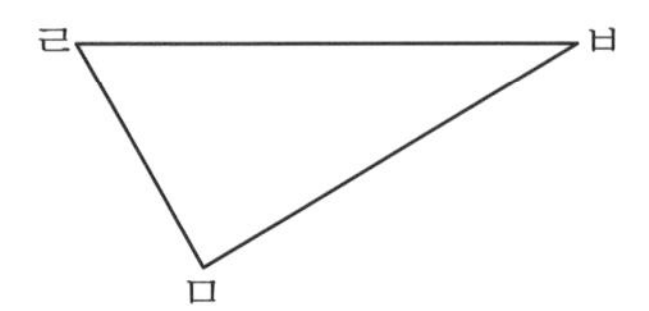

❶ 대응점: 점 ㄱ 과 점 □, 점 ㄴ 과 점 □, 점 ㄷ 과 점 □

❷ 대응변: 변 ㄱㄴ 과 변 □, 변 ㄱㄷ과 변 □, 변 ㄷㄴ과 변 □

❸ 대응각: 각 ㄱㄴㄷ과 각 □, 각 ㄱㄷㄴ과 각 □, 각 ㄴㄱㄷ 과 각 □

2 두 도형은 서로 합동입니다. 대응점, 대응변, 대응각이 각각 몇 쌍이 있는지 구해 보세요.

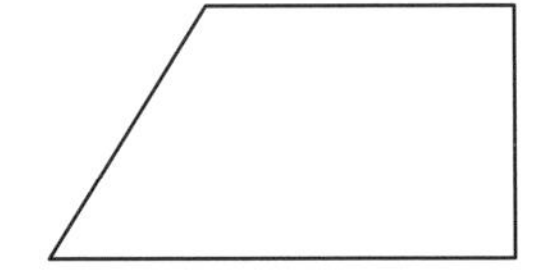
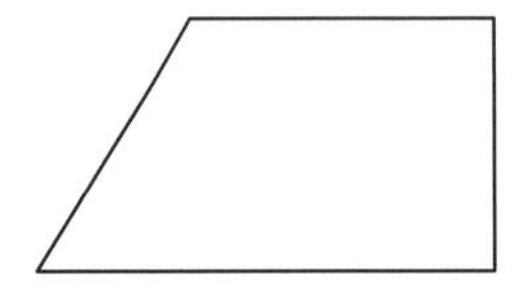

대응점 (　　　　)쌍
대응변 (　　　　)쌍
대응각 (　　　　)쌍

3 두 삼각형은 서로 합동입니다. □ 안에 알맞은 수를 써넣으세요.

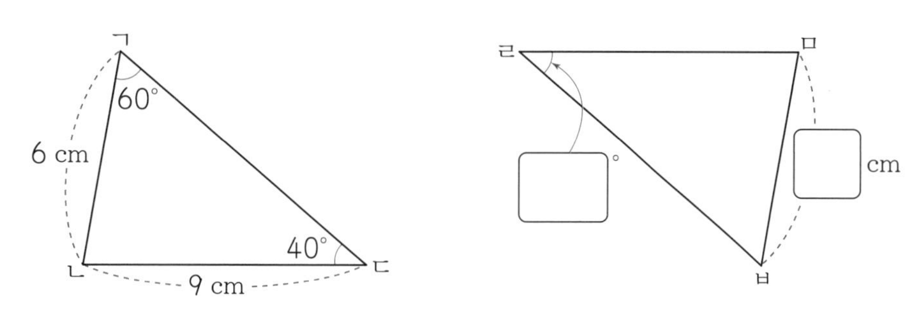

4 두 사각형은 서로 합동입니다. 사각형 ㄱㄴㄷㄹ의 둘레는 몇 cm인지 구해 보세요.

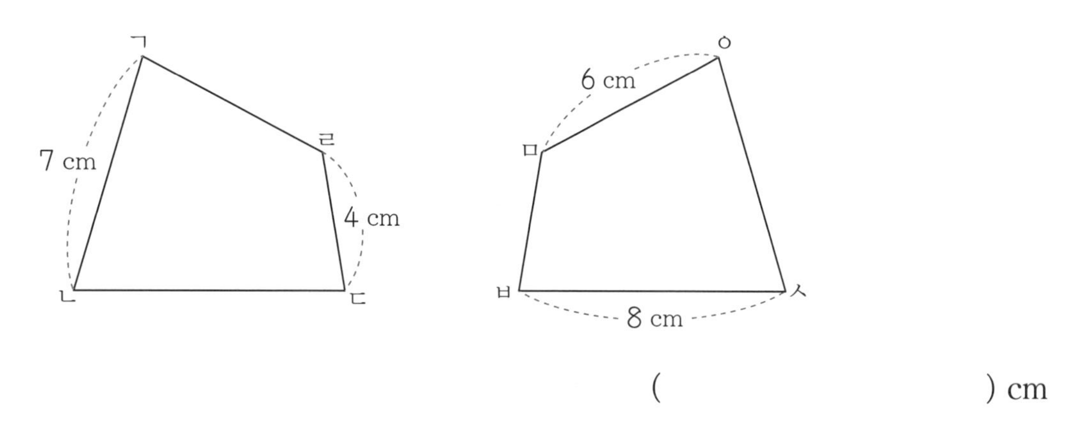

( ) cm

5 그림과 같이 삼각형 ㅂㄱㅁ과 삼각형 ㄹㄷㅁ이 서로 합동이 되도록 직사각형 ㄱㄴㄷㄹ을 접었습니다. 직사각형 ㄱㄴㄷㄹ의 넓이는 몇 cm^2인지 구해 보세요.

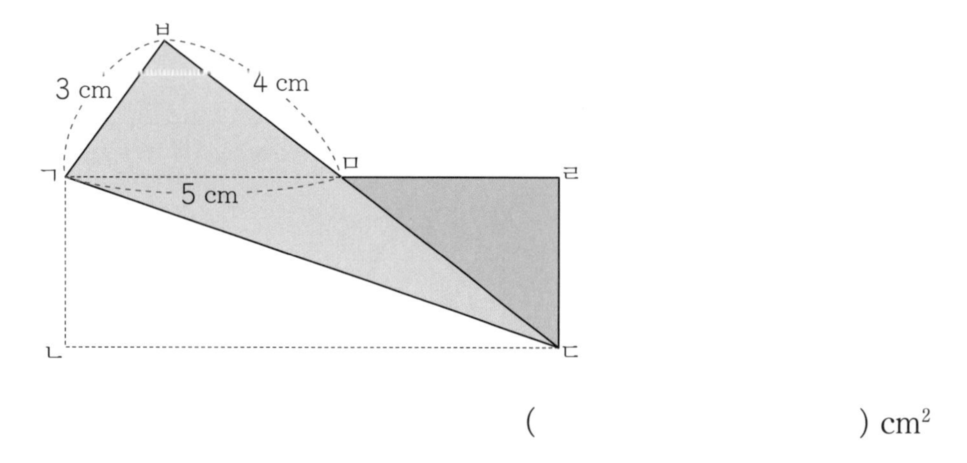

( ) cm^2

선대칭도형과 그 성질 알아보기

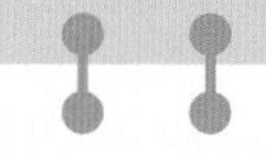

선대칭도형 알아보기

• 한 직선을 따라 접었을 때 완전히 겹치는 도형을 선대칭도형이라고 합니다. 이때 그 직선을 대칭축이라고 합니다.

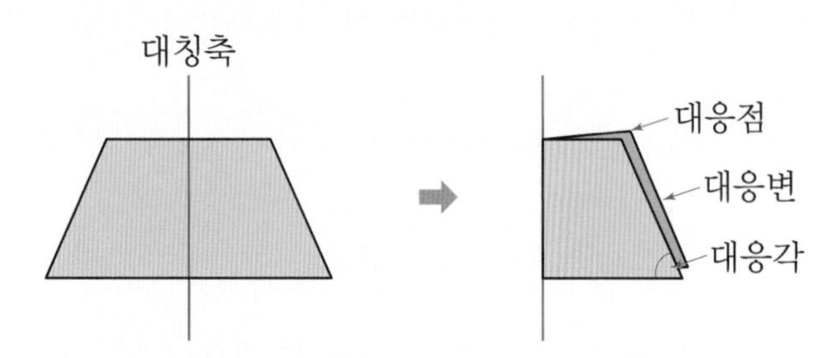

• 대칭축을 따라 접었을 때 겹치는 점을 대응점, 겹치는 변을 대응변, 겹치는 각을 대응각이라고 합니다.

선대칭도형의 성질

• 각 대응변의 길이는 서로 같습니다.
• 각 대응각의 크기는 서로 같습니다.
• 대응점끼리 이은 선분은 대칭축과 수직입니다.
• 각 대응점은 대칭축으로부터 같은 거리만큼 떨어져 있습니다.

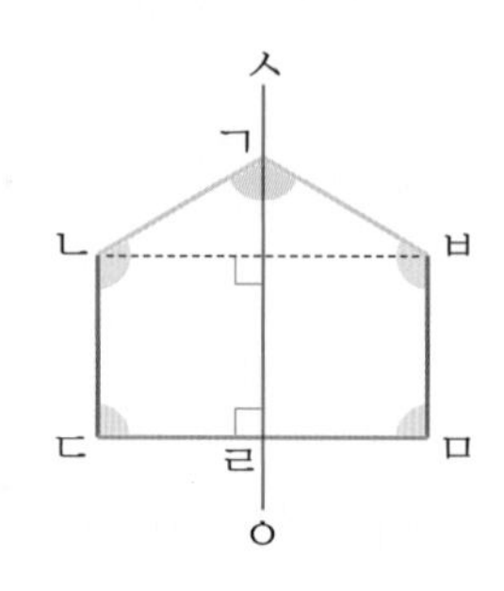

선대칭도형 그리기

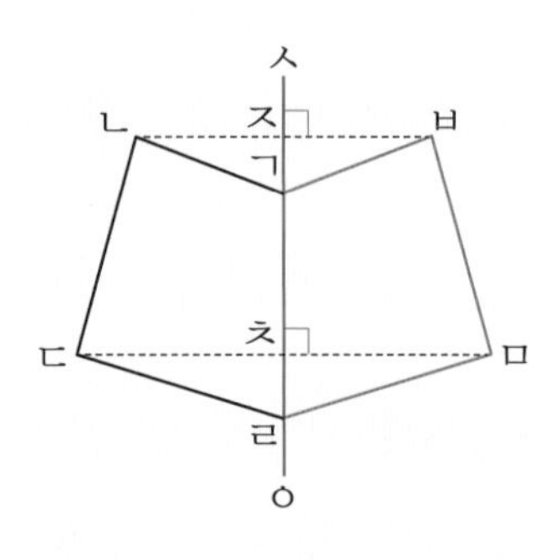

① 점 ㄴ에서 대칭축 ㅅㅇ에 수선을 긋고, 대칭축과 만나는 점을 찾아 점 ㅈ으로 표시합니다.
② 이 수선에 선분 ㄴㅈ과 길이가 같게 되도록 점 ㄴ의 대응점을 찾아 점 ㅂ으로 표시합니다.
③ 위와 같은 방법으로 점 ㄷ의 대응점을 찾아 점 ㅁ으로 표시합니다.
④ 각각의 점들을 차례로 이어 선대칭도형이 되도록 그립니다.

1 선대칭도형을 모두 찾아 기호를 써 보세요.

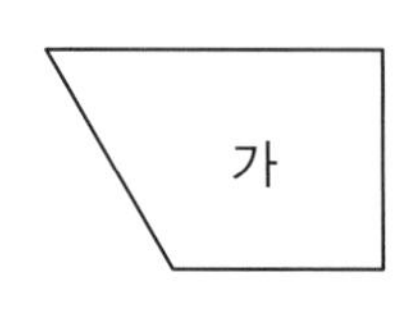

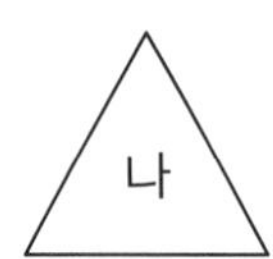

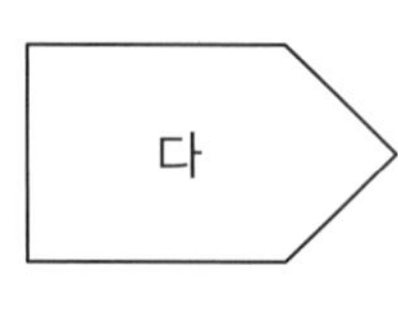

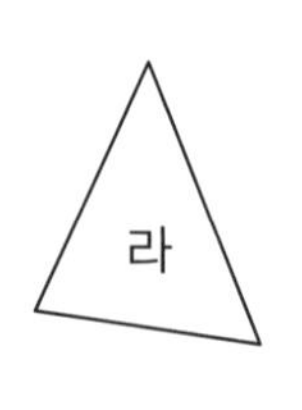

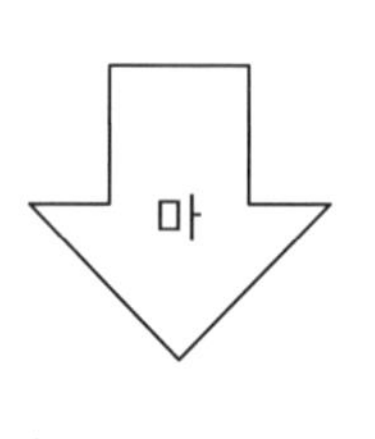

(　　　　　　　　　　)

2 다음은 선대칭도형입니다. 대칭축을 그어 보세요.

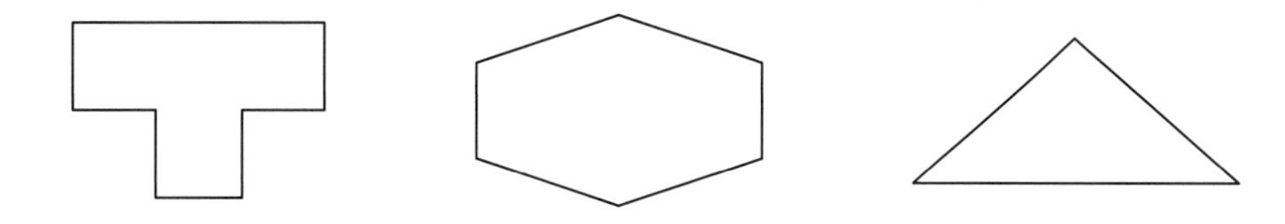

3 직선 가를 대칭축으로 하는 선대칭도형입니다. □ 안에 알맞은 수를 써넣으세요.

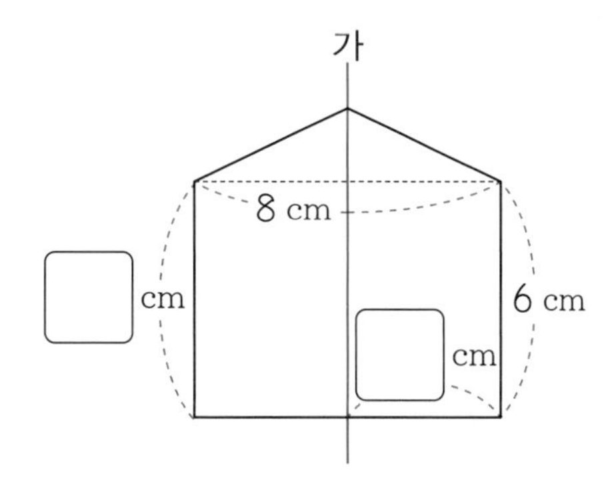

4 선대칭도형을 완성하려고 합니다. 물음에 답하세요.

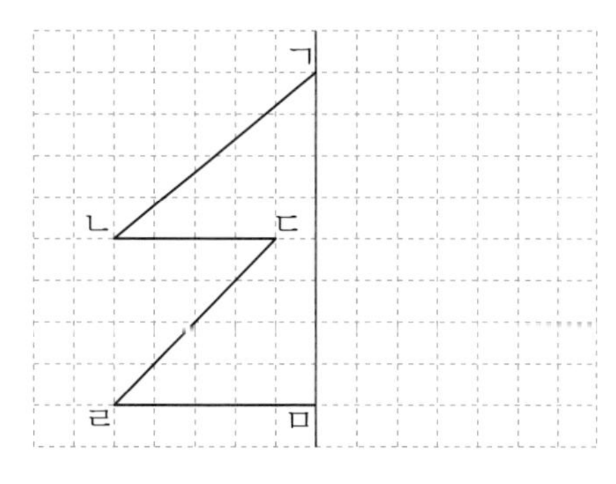

❶ 점 ㄴ의 대응점을 찾아 표시해 보세요.

❷ 점 ㄷ의 대응점을 찾아 표시해 보세요.

❸ 점 ㄹ의 대응점을 찾아 표시해 보세요.

❹ 대응점을 이어 선대칭도형을 완성해 보세요.

점대칭도형과 그 성질 알아보기

점대칭도형 알아보기

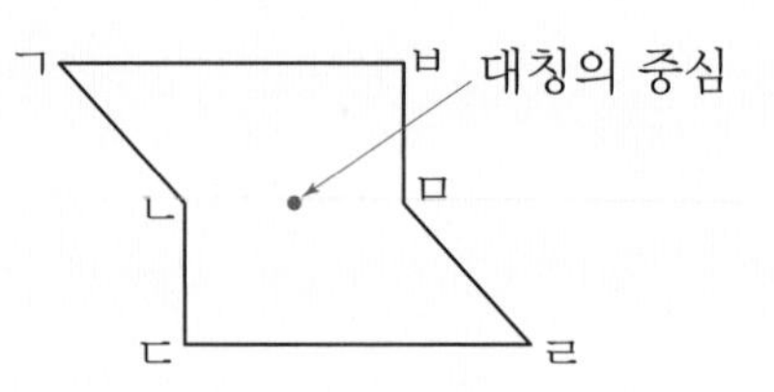

- 한 도형을 어떤 점을 중심으로 180° 돌렸을 때 처음 도형과 완전히 겹치면 이 도형을 점대칭도형이라고 합니다. 이때 그 점을 대칭의 중심이라고 합니다.
- 대칭의 중심을 중심으로 180° 돌렸을 때
  겹치는 점: 대응점 ➡ (점 ㄱ, 점 ㄹ), (점 ㄴ, 점 ㅁ), (점 ㄷ, 점 ㅂ)
  겹치는 변: 대응변 ➡ (변 ㄱㄴ, 변 ㄹㅁ), (변 ㄴㄷ, 변 ㅁㅂ), (변 ㄱㅂ, 변 ㄹㄷ)
  겹치는 각: 대응각 ➡ (각 ㅂㄱㄴ, 각 ㄷㄹㅁ), (각 ㄴㄷㄹ, 각 ㅁㅂㄱ)

점대칭도형의 성질

- 각 대응변의 길이는 서로 같습니다.
- 각 대응각의 크기는 서로 같습니다.
- 각 대응점은 대칭의 중심으로부터 같은 거리만큼 떨어져 있습니다.

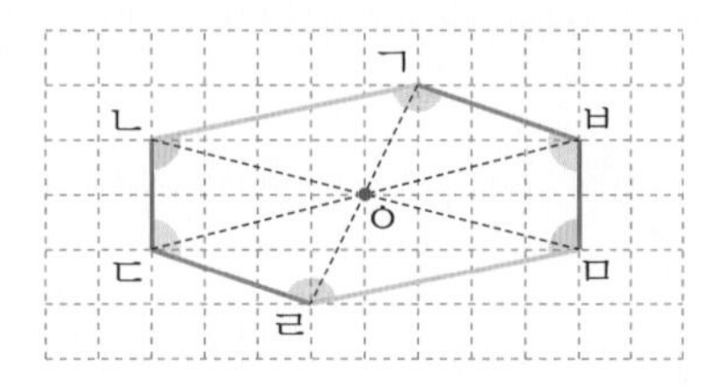

점대칭도형 그리기

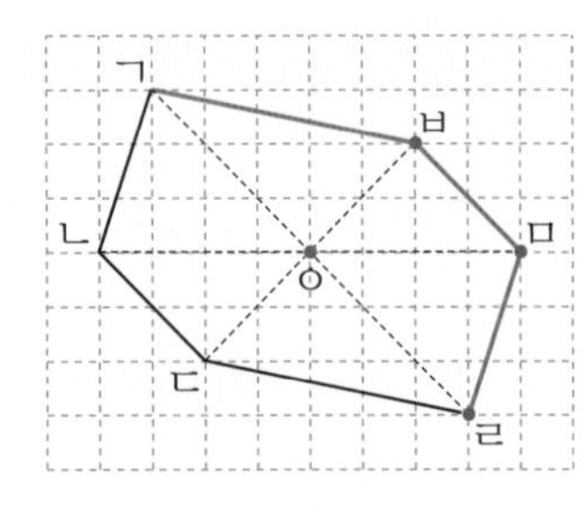

① 점 ㄴ에서 대칭의 중심인 점 ㅇ을 지나는 직선을 긋습니다.
② 이 직선에 선분 ㄴㅇ과 길이가 같게 같게 되도록 점 ㄴ의 대응점을 찾아 점 ㅁ으로 표시합니다.
③ 위와 같은 방법으로 점 ㄷ의 대응점을 찾아 점 ㅂ으로 표시합니다.
④ 각각의 점들을 차례로 이어 점대칭도형이 되도록 그립니다.

1 점대칭도형을 모두 찾아 ○표 하세요.

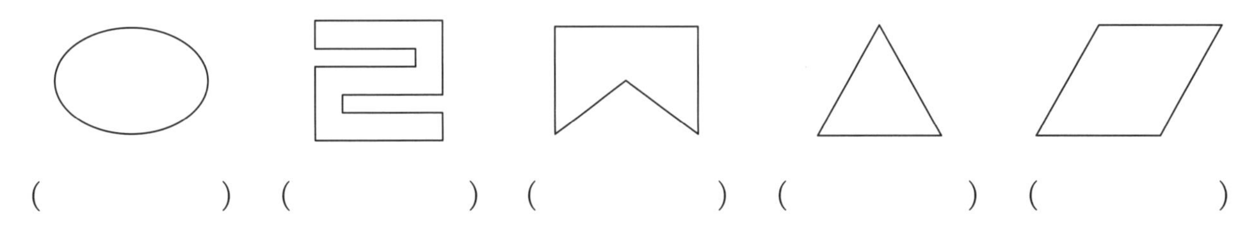

( ) ( ) ( ) ( ) ( )

2 점대칭도형을 보고 대응점, 대응변, 대응각을 찾아 빈칸에 알맞게 써넣으세요.

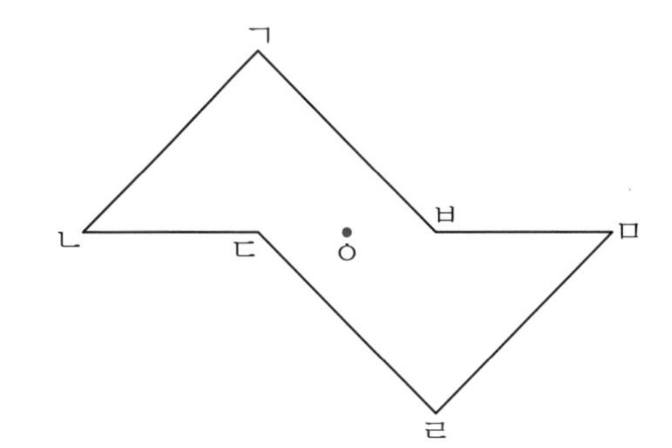

대응점	점 ㄱ	
대응변	변 ㄱㄴ	
대응각	각 ㄱㄴㄷ	

3 점 ㅇ을 대칭의 중심으로 하는 점대칭도형입니다. □ 안에 알맞게 써넣으세요.

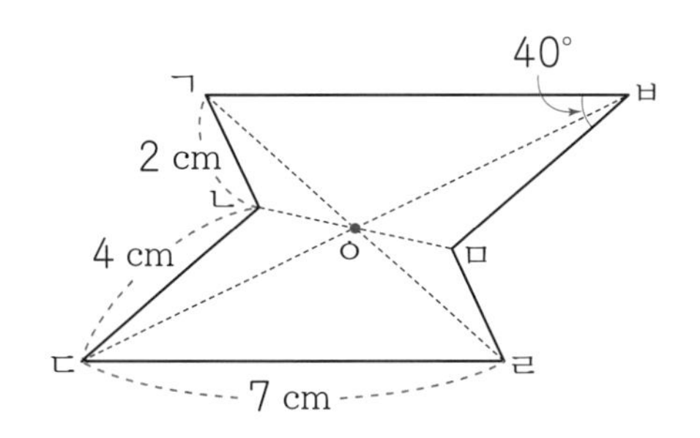

❶ 변 ㅁㄹ의 길이는 □ cm이고 변 ㄱㅂ의 길이는 □ cm입니다.

❷ 각 ㄴㄷㄹ의 크기는 □°입니다.

❸ 대응점끼리 이은 선분은 모두 점 □을 지납니다.

4 점대칭도형을 완성하려고 합니다. 물음에 답하세요.

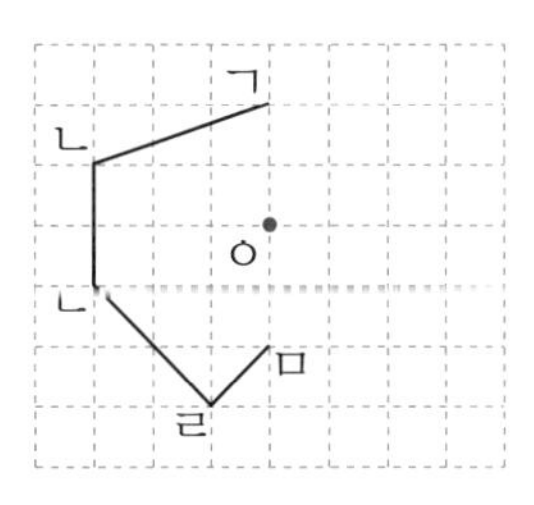

❶ 점 ㄴ의 대응점을 찾아 표시해 보세요.

❷ 점 ㄷ의 대응점을 찾아 표시해 보세요.

❸ 점 ㄹ의 대응점을 찾아 표시해 보세요.

❹ 대응점을 이어 점대칭도형을 완성해 보세요.

연습 문제

[1~2] 주어진 도형과 서로 합동인 도형을 그려 보세요.

1

2

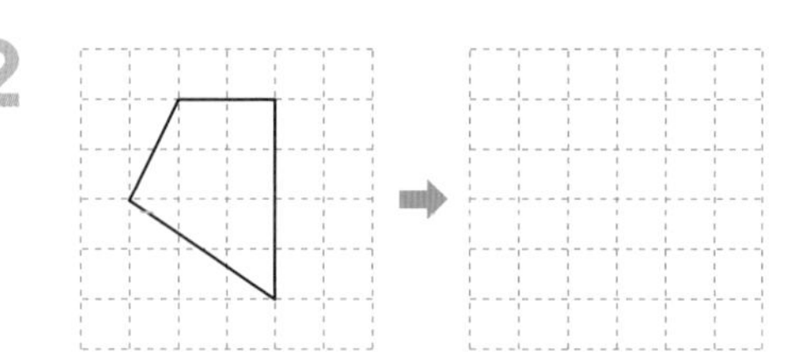

3 두 삼각형은 서로 합동입니다. □ 안에 알맞게 써넣으세요.

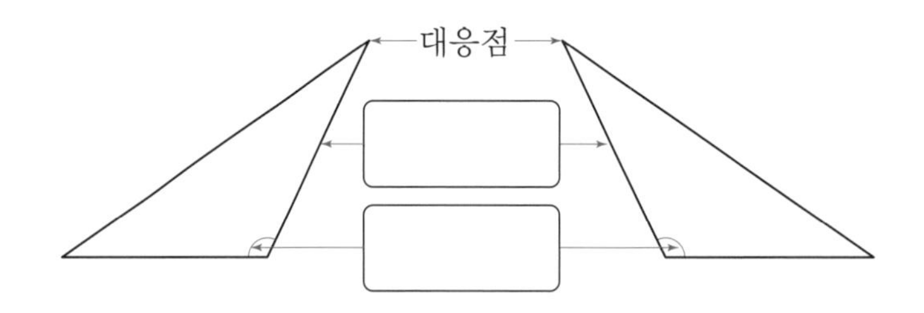

[4~5] 두 도형은 서로 합동입니다. 대응점, 대응변, 대응각을 찾아 빈칸에 알맞게 써넣으세요.

4

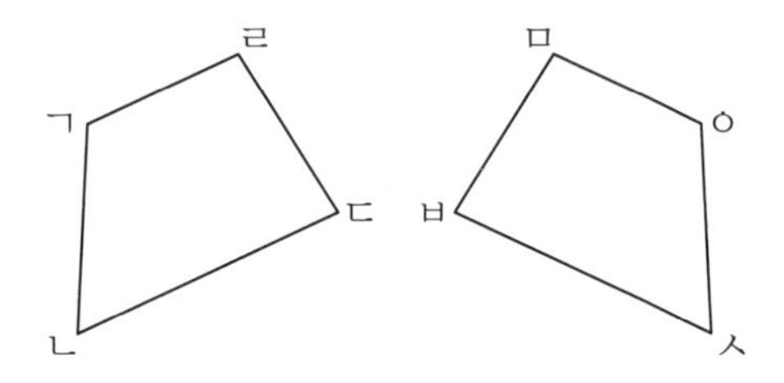

대응점	점 ㄱ	
대응변	변 ㄹㄷ	
대응각	각 ㄴㄷㄹ	

5

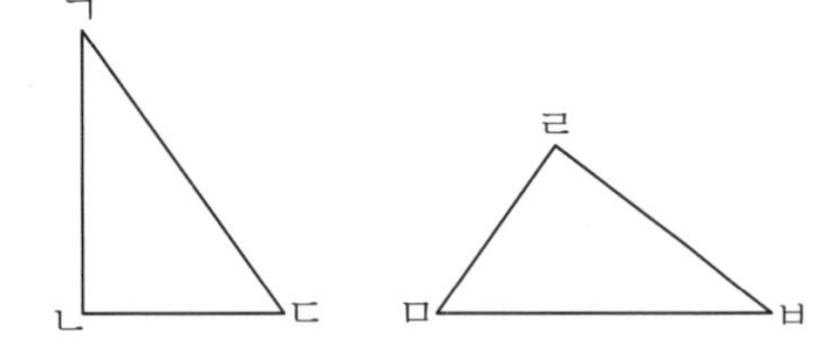

대응점	점 ㄴ	
대응변	변 ㄱㄷ	
대응각	각 ㄴㄷㄱ	

6 선대칭도형을 보고 대응점, 대응변, 대응각을 찾아 빈칸에 알맞게 써넣으세요.

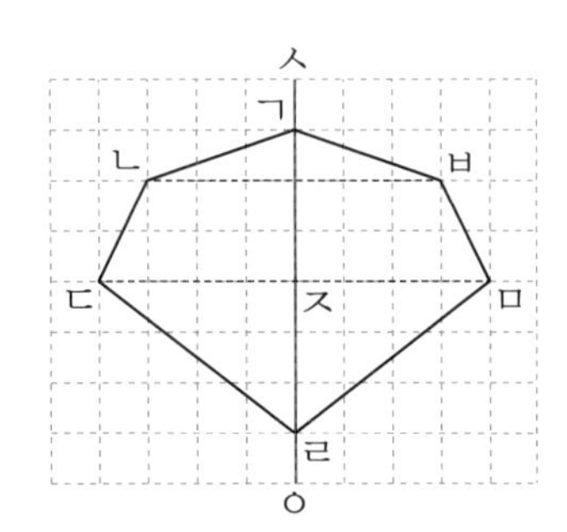

대응점	점 ㄷ	
대응변	변 ㄷㄹ	
대응각	각 ㄴㄷㄹ	

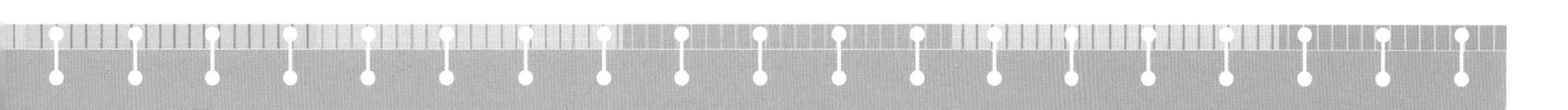

7 점대칭도형을 보고 대응점, 대응변, 대응각을 찾아 빈칸에 알맞게 써넣으세요.

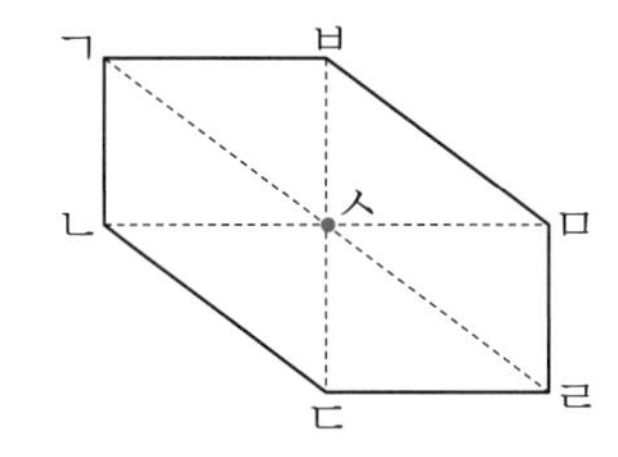

대응점	점 ㄱ	
대응변	변 ㄱㅂ	
대응각	각 ㄱㅂㅁ	

[8~9] 선대칭도형을 완성해 보세요.

8

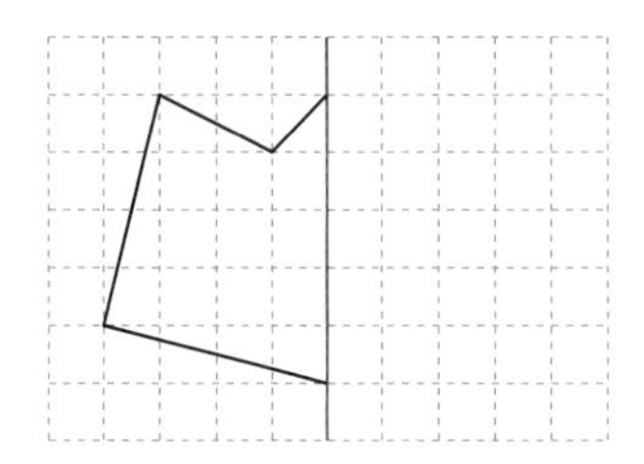

9

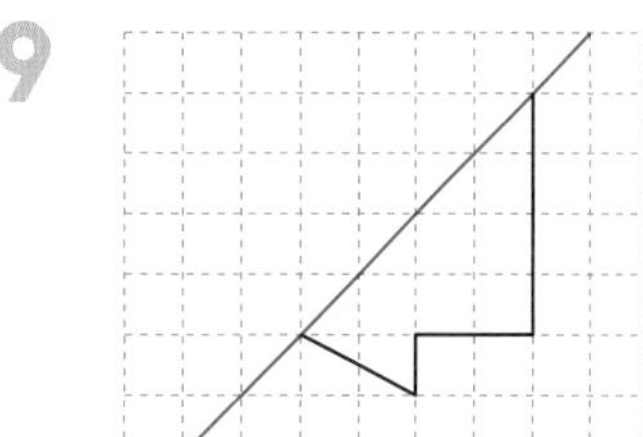

[10~11] 점대칭도형을 완성해 보세요.

10

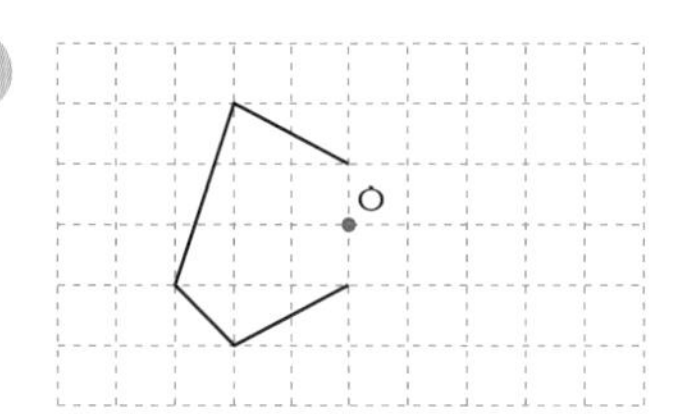

11

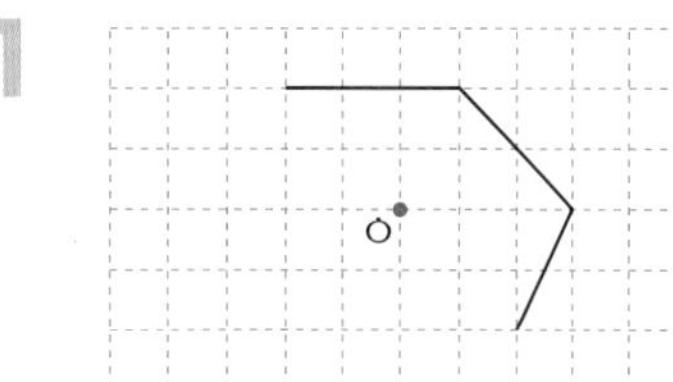

[12~13] 다음은 선대칭도형입니다. □ 안에 알맞은 수를 써넣으세요.

12

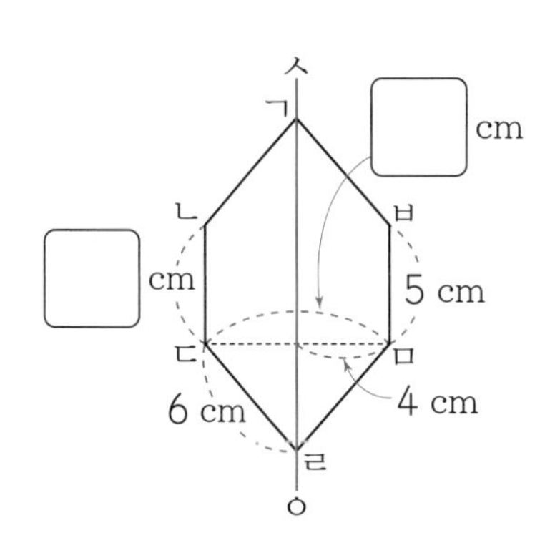

13

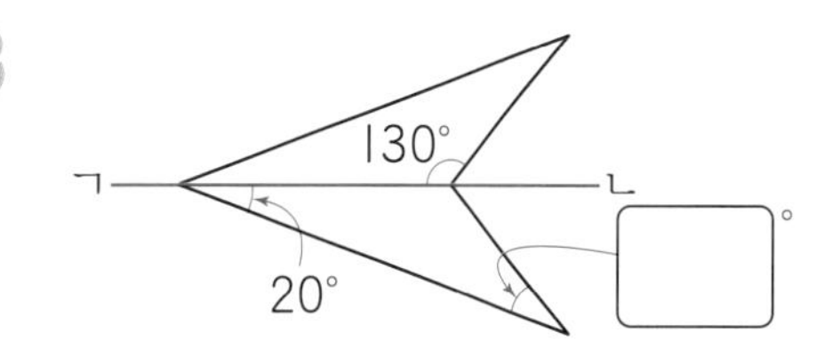

단원 평가

1 아래처럼 종이 두 장을 포개어 놓고 도형을 오렸을 때 두 도형은 합동입니다. □ 안에 알맞은 말을 써넣으세요.

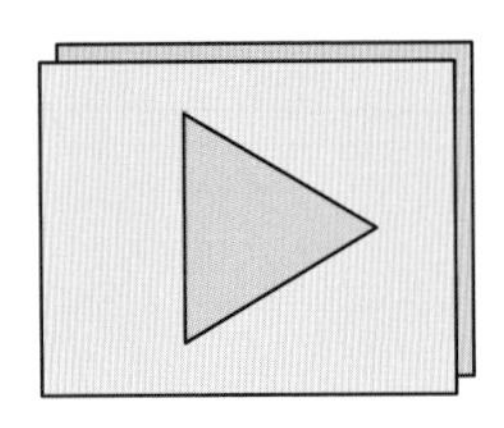

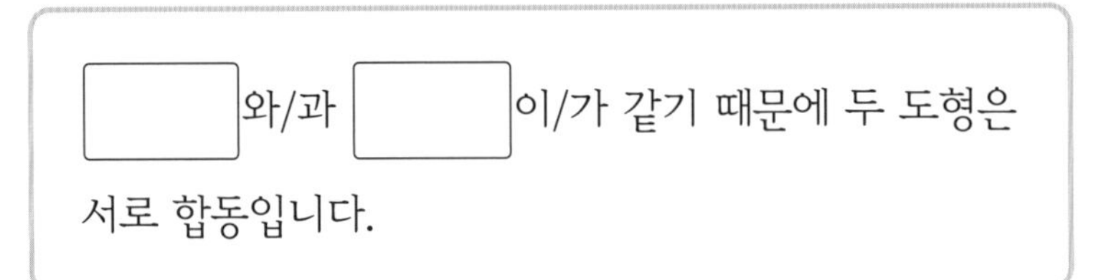

2 왼쪽 도형과 서로 합동인 도형을 그려 보세요.

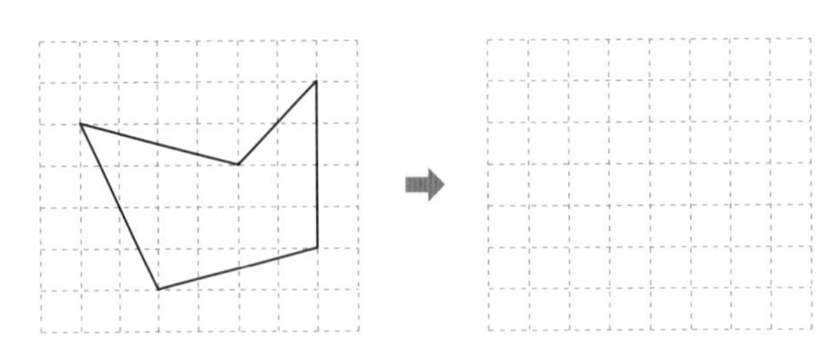

3 다음은 선대칭도형입니다. 대칭축을 모두 그어 보세요.

❶

❷

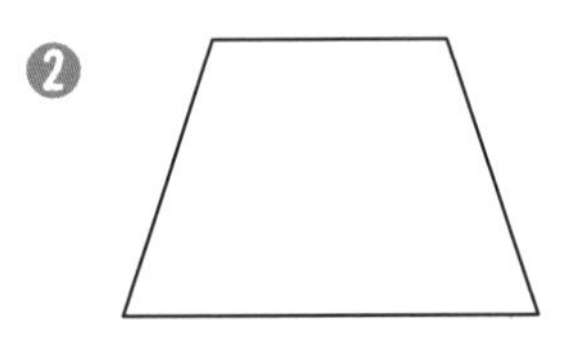

4 삼각형 ㄱㄴㄷ과 삼각형 ㄹㅁㅂ이 서로 합동일 때 삼각형 ㄹㅁㅂ의 둘레의 길이는 몇 cm인지 구해 보세요.

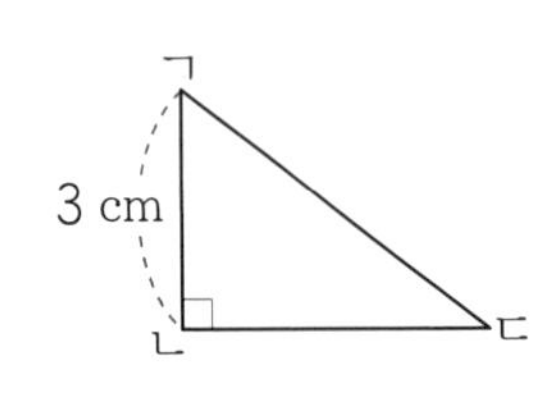

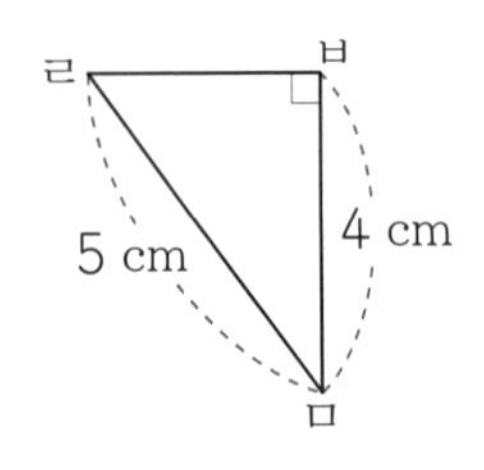

( ) cm

5 도형을 보고 물음에 답하세요.

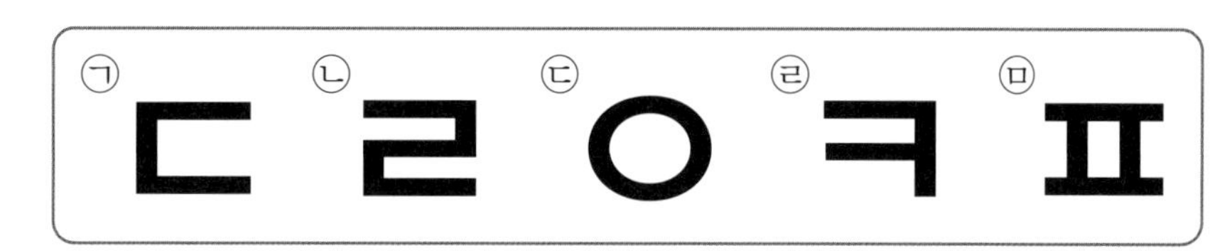

❶ 선대칭도형을 모두 찾아 기호를 써 보세요.

(　　　　　　　　　　　)

❷ 점대칭도형을 모두 찾아 기호를 써 보세요.

(　　　　　　　　　　　)

6 사각형 ㄱㄴㄷㄹ과 사각형 ㅁㅂㅅㅇ은 서로 합동입니다. 물음에 답하세요.

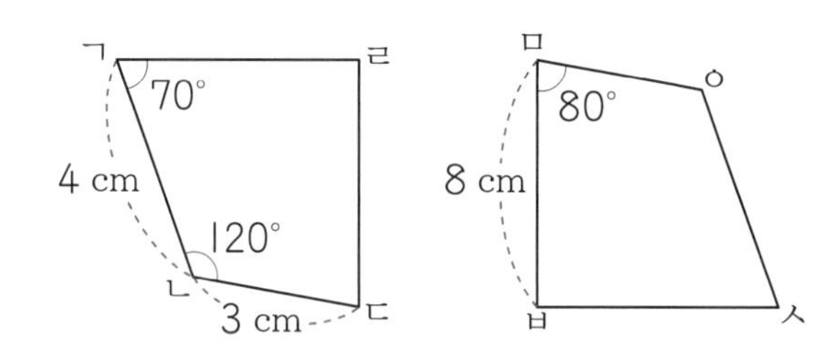

❶ 각 ㄴㄷㄹ의 대응각을 찾아 써 보세요.

(　　　　　　　　　　　)

❷ 각 ㄱㄹㄷ은 몇 도인지 구해 보세요.

(　　　　　　　　　　　)°

❸ 변 ㅇㅅ의 길이는 몇 cm인지 구해 보세요.

(　　　　　　　　　　　) cm

7 점대칭도형을 완성해 보세요.

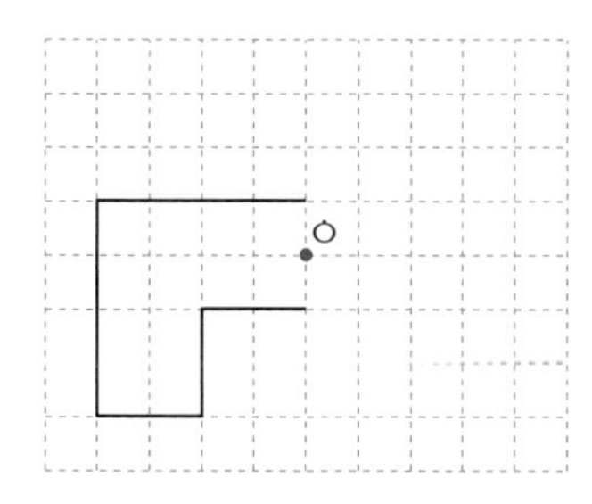

실력 키우기

1 점 ㅈ을 대칭의 중심으로 하는 점대칭도형입니다. 이 도형의 둘레의 길이는 몇 cm인지 구해 보세요.

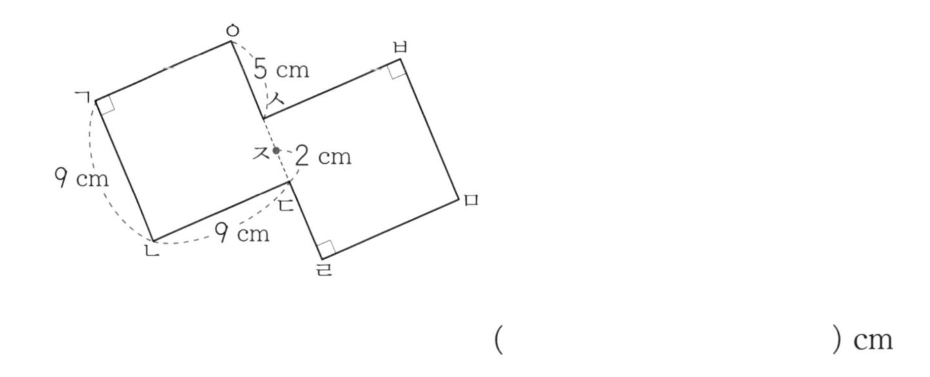

(　　　　　　　　) cm

2 오른쪽은 선분 ㄱㄹ을 대칭축으로 하는 선대칭도형입니다. 삼각형 ㄱㄴㄷ의 넓이가 40 cm^2일 때 변 ㄴㄹ의 길이는 몇 cm인지 구해 보세요.

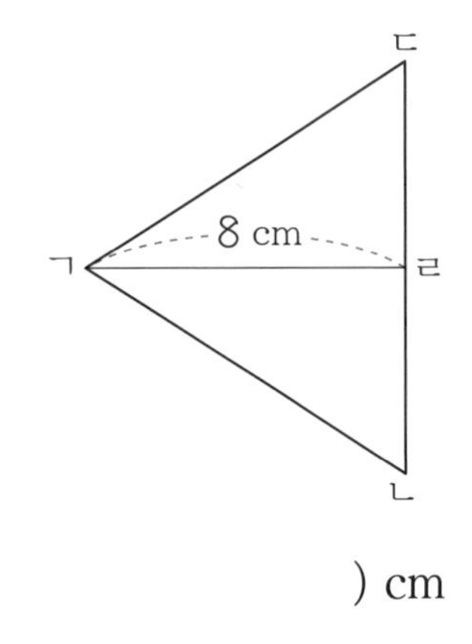

(　　　　　　　　) cm

3 삼각형 ㄱㄴㄷ과 삼각형 ㄷㄹㅁ은 서로 합동입니다. 각 ㄱㄷㅁ은 몇 도인지 풀이 과정을 쓰고 답을 구해 보세요.

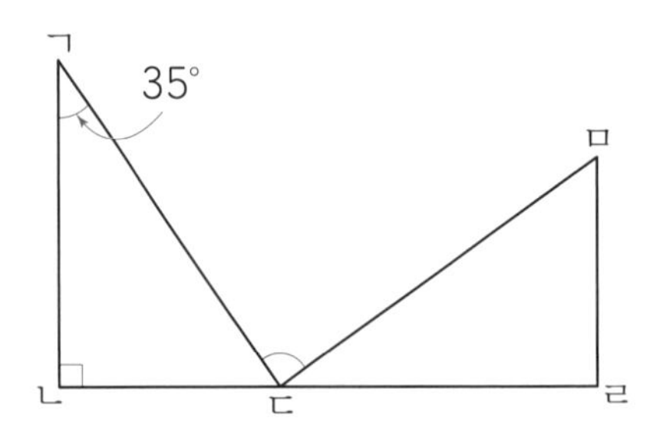

풀이 ______________________________

____

답 ______________ °

4. 소수의 곱셈

- (1보다 작은 소수) × (자연수) 알아보기
- (1보다 큰 소수) × (자연수) 알아보기
- (자연수) × (1보다 작은 소수) 알아보기
- (자연수) × (1보다 큰 소수) 알아보기
- (1보다 작은 소수) × (1보다 작은 소수)
- (1보다 큰 소수) × (1보다 큰 소수)
- 곱의 소수점 위치의 규칙

(1보다 작은 소수)×(자연수) 알아보기

0.6×3 계산하기

방법 1 덧셈식으로 계산하기

$0.6\times3=0.6+0.6+0.6=1.8$

방법 2 분수의 곱셈으로 계산하기

$0.6\times3=\frac{6}{10}\times3=\frac{6\times3}{10}=\frac{18}{10}=1.8$

방법 3 0.1의 개수로 계산하기

① 0.6은 0.1이 6개입니다.

② 0.6×3은 0.1이 6개씩 3묶음입니다.

➡ 0.1이 모두 18개이므로 0.6×3=1.8입니다.

1 0.4×3을 여러 가지 방법으로 계산하려고 합니다. □ 안에 알맞은 수를 써넣으세요.

❶ $0.4\times3=0.4+\square+\square=\square$

❷ $0.4\times3=\frac{\square}{10}\times3=\frac{\square\times\square}{10}=\frac{\square}{10}=\square$

❸ $0.4\times3=0.1\times4\times3=0.1\times\square$

0.1이 모두 □개이므로 0.4×3=□입니다.

2 0.7×4를 서로 다른 방법으로 계산해 보세요.

3 계산해 보세요.

❶ 0.5×8

❷ 0.8×6

❸ 0.35×4

❹ 0.43×7

4 계산 결과를 찾아 이어 보세요.

0.31×8 •	• 2.03
0.29×7 •	• 1.64
0.41×4 •	• 2.48

5 계산 결과를 바르게 말한 친구는 누구인지 써 보세요.

이현: 0.49×8은 49와 8의 곱이 약 400이니까 0.49와 8의 곱은 40 정도가 돼.

여준: 0.41×5는 0.4와 5의 곱으로 어림할 수 있으니까 결과는 2 정도가 돼.

(　　　　　　　　)

6 주영이는 매일 우유를 0.23 L씩 마십니다. 일주일 동안 주영이가 마신 우유의 양은 모두 몇 L인지 식을 쓰고 답을 구해 보세요.

식 ______________________

답 ____________ L

(1보다 큰 소수)×(자연수) 알아보기

2.3×3 계산하기

방법 1 덧셈식으로 계산하기

$2.3\times3=2.3+2.3+2.3=6.9$

방법 2 분수의 곱셈으로 계산하기

$2.3\times3=\frac{23}{10}\times3=\frac{23\times3}{10}=\frac{69}{10}=6.9$

방법 3 0.1의 개수로 계산하기

① 2.3은 0.1이 23개입니다.

② 2.3×3은 0.1이 23개씩 3묶음입니다.

➡ 0.1이 모두 69개이므로 2.3×3=6.9입니다.

1 1.4×3을 여러 가지 방법으로 계산하려고 합니다. □ 안에 알맞은 수를 써넣으세요.

❶ $1.4\times3=1.4+\square+\square=\square$

❷ $1.4\times3=\frac{\square}{10}\times3=\frac{\square\times\square}{10}=\frac{\square}{10}=\square$

❸ $1.4\times3=0.1\times14\times3=0.1\times\square$

0.1이 모두 □개이므로 1.4×3=□입니다.

2 5.6×5를 서로 다른 방법으로 계산해 보세요.

방법 1

3 계산해 보세요.

❶ 7.5×4　　❷ 6.8×5

❸ 3.45×8　　❹ 1.32×6

4 계산 결과가 작은 것부터 차례대로 기호를 써 보세요.

㉠ 2.25×2	㉡ 1.35×5	㉢ 1.65×4	㉣ 1.45×3

(　　　　　　　　)

5 서준이는 매일 저녁 1.2 km를 강아지와 산책하기로 하였습니다. 6일 동안 산책한 거리가 몇 km인지 식을 쓰고 답을 구해 보세요.

식 ______________________　　답 __________ km

6 어느 날 멕시코와 태국의 환율이 다음과 같습니다. 5000원은 얼마인지 알맞은 단위를 골라 ○표 하고, 그렇게 생각한 이유를 어림을 이용하여 써 보세요.

> 우리나라 돈 1000원이 멕시코 돈 13.94 페소입니다.
> 우리나라 돈 1000원이 태국 돈 26.25 바트입니다.
> ➡ 우리나라 돈 5000원은 약 130 (페소 , 바트)입니다.

이유 ______________________________________

(자연수)×(1보다 작은 소수) 알아보기

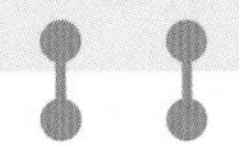

2×0.6 계산하기

방법 1 자연수의 곱셈으로 계산하기

$2 \times 6 = 12$

↓ $\frac{1}{10}$배　↓ $\frac{1}{10}$배

$2 \times 0.6 = 1.2$

곱하는 소수가 1보다 작으면 계산 결과는 곱해지는 수보다 작습니다.

방법 2 분수의 곱셈으로 계산하기

$$2 \times 0.6 = 2 \times \frac{6}{10} = \frac{2 \times 6}{10} = \frac{12}{10} = 1.2$$

1 8×0.3을 두 가지 방법으로 계산하려고 합니다. □ 안에 알맞은 수를 써넣으세요.

❶ 자연수의 곱셈으로 계산하기

$8 \times 3 = 24$

$\frac{1}{10}$배 ↓　↓ □배

$8 \times 0.3 = \square$

❷ 분수의 곱셈으로 계산하기

$$8 \times 0.3 = 8 \times \frac{\square}{10} = \frac{8 \times \square}{10}$$

$$= \frac{\square}{10} = \square$$

2 6×0.4를 서로 다른 방법으로 계산해 보세요.

방법 1	방법 2

3 계산해 보세요.

❶ 10×0.4　　❷ 12×0.6

❸ 4×0.24　　❹ 6×0.25

4 계산 결과를 비교하여 ○ 안에 >, =, <를 알맞게 써넣으세요.

❶ 6×0.4 ○ 6×0.3　　❷ 12×0.8 ○ 22×0.3

5 어림하여 계산 결과가 5보다 큰 것을 찾아 기호를 써 보세요.

㉠ 5×0.93	㉡ 7의 0.65배	㉢ 10의 0.54

(　　　　　　　　)

6 금성에서 잰 몸무게는 지구에서 잰 몸무게의 약 0.91배라고 합니다. 지구에서 몸무게가 40 kg인 성우가 금성에서 몸무게를 재면 약 몇 kg인지 식을 쓰고 답을 구해 보세요.

식 ________________　　답 ________ kg

7 유진이는 하루 동안 2 L의 0.47배만큼 물을 마셨고 가윤이는 하루 동안 3 L의 0.28배만큼 물을 마셨습니다. 두 사람 중 누가 물을 더 많이 마셨는지 구해 보세요.

(　　　　　　　　)

(자연수)×(1보다 큰 소수) 알아보기

6×1.2 계산하기

방법 1 자연수의 곱셈으로 계산하기

$6 \times 12 = 72$

↓ $\frac{1}{10}$배　　↓ $\frac{1}{10}$배

$6 \times 1.2 = 7.2$

곱하는 소수가 1보다 크면 계산 결과는 곱해지는 수보다 큽니다.

방법 2 분수의 곱셈으로 계산하기

$$6\times1.2=6\times\frac{12}{10}=\frac{6\times12}{10}=\frac{72}{10}=7.2$$

1 2×1.08을 두 가지 방법으로 계산하려고 합니다. □ 안에 알맞은 수를 써넣으세요.

❶ 자연수의 곱셈으로 계산하기

$2 \times 108 = 216$

↓ □배　　↓ $\frac{1}{100}$배

$2 \times 1.08 = \square$

❷ 분수의 곱셈으로 계산하기

$$2\times1.08=2\times\frac{\square}{100}=\frac{2\times\square}{100}$$

$$=\frac{\square}{100}=\square$$

2 6×2.5를 서로 다른 방법으로 계산해 보세요.

방법 1	방법 2

3 계산해 보세요.

❶ 8×2.4　　　　❷ 15×1.6

❸ 6×3.14　　　　❹ 10×4.13

4 어림하여 계산 결과가 8보다 큰 식을 찾아 기호를 써 보세요.

㉠ 2의 3.98	㉡ 4×1.98	㉢ 3×2.02	㉣ 2×4.1

(　　　　　　　　)

5 태연이는 매일 아침 둘레가 1.45 km인 공원을 한 바퀴 산책합니다. 태연이가 일주일 동안 산책한 거리는 몇 km인지 식을 쓰고 답을 구해 보세요.

식 ______________________

답 ______________ km

6 평행사변형의 넓이는 몇 cm^2인지 구해 보세요.

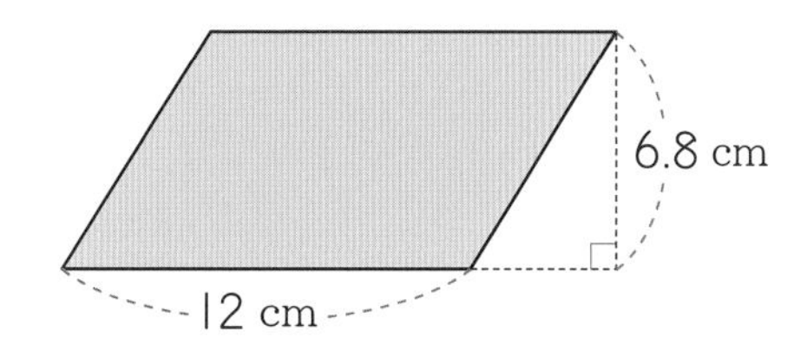

(　　　　　　　　) cm^2

7 달팽이는 10초 동안 9.8 cm 이동할 수 있다고 합니다. 달팽이가 1분 동안 이동할 수 있는 거리는 몇 cm인지 식을 쓰고 답을 구해 보세요.

식 ______________________

답 ______________ cm

(1보다 작은 소수)×(1보다 작은 소수)

0.8×0.9 계산하기

방법 1 자연수의 곱셈으로 계산하기

$$\begin{array}{ccccc} 8 & \times & 9 & = & 72 \\ \downarrow \frac{1}{10}\text{배} & & \downarrow \frac{1}{10}\text{배} & & \downarrow \frac{1}{100}\text{배} \\ 0.8 & \times & 0.9 & = & 0.72 \end{array}$$

방법 2 분수의 곱셈으로 계산하기

$$0.8\times0.9=\frac{8}{10}\times\frac{9}{10}=\frac{8\times9}{100}=\frac{72}{100}=0.72$$

1 0.6×0.8을 그림을 그려서 계산하려고 합니다. 곱셈식에 맞게 색칠하고, □ 안에 알맞은 수를 써넣으세요.

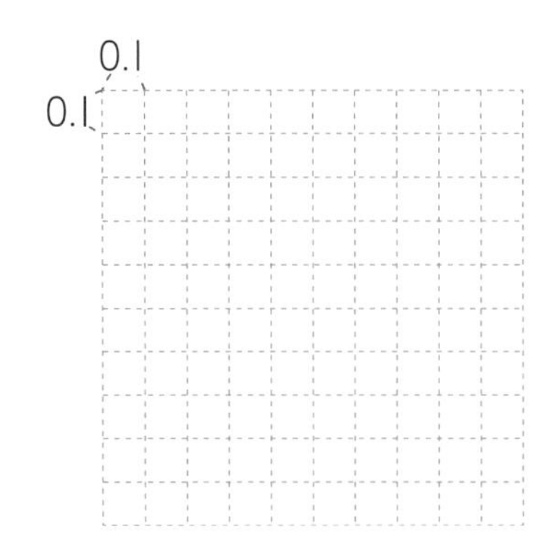

가로를 0.6만큼 색칠하고, 세로를 0.8만큼 색칠하면 □칸이 색칠되는데 한 칸의 넓이가 □이므로 0.6×0.8=□입니다.

2 0.4×0.7을 서로 다른 방법으로 계산해 보세요.

방법 1

방법 2

3 계산해 보세요.

❶ 0.5×0.3　　❷ 0.4×0.5

❸ 0.8×0.9　　❹ 0.15×0.2

4 어림하여 0.46×0.61의 값을 바르게 계산한 것을 찾아 기호를 써 보세요.

㉠ 280.6　㉡ 28.06　㉢ 2.806　㉣ 0.2806

(　　　　　)

5 계산 결과를 비교하여 ○ 안에 >, =, <를 알맞게 써넣으세요.

❶ 0.32×0.25 ○ 0.29×0.3　　❷ 0.4×0.61 ○ 0.52×0.45

6 계산 결과의 소수점 아래 자릿수가 다른 하나를 찾아 ○표 하세요.

0.2×0.23	0.65×0.4	0.42×0.55
(　　)	(　　)	(　　)

7 시리얼 한 봉지는 0.7 kg입니다. 그중 0.18만큼이 단백질일 때 단백질 성분은 몇 kg인지 식을 쓰고 답을 구해 보세요.

시리얼

식 ______________________　　답 ____________ kg

(1보다 큰 소수)×(1보다 큰 소수)

1.5×1.2 계산하기

방법 1 자연수의 곱셈으로 계산하기

$$15 \times 12 = 180$$

$\downarrow \frac{1}{10}$배 $\quad \downarrow \frac{1}{10}$배 $\quad \downarrow \frac{1}{100}$배

$$1.5 \times 1.2 = 1.8$$

방법 2 분수의 곱셈으로 계산하기

$$1.5\times1.2=\frac{15}{10}\times\frac{12}{10}=\frac{15\times12}{100}=\frac{180}{100}=1.8$$

1 3.4×2.3을 서로 다른 방법으로 계산해 보세요.

방법 1

방법 2

2 어림하여 계산 결과가 9보다 큰 것을 찾아 기호를 써 보세요.

㉠ 8.9의 0.9	㉡ 3.9의 2.1	㉢ 5.1×1.8	㉣ 4.9×1.5

( )

3 계산해 보세요.

❶ 4.6×5.3

❷ 7.8×2.4

❸ $\begin{array}{r} 4.3 \\ \times\ 3.1 \\ \hline \end{array}$

❹ $\begin{array}{r} 2.5 \\ \times\ 4.9 \\ \hline \end{array}$

4 곱을 어림하여 소수점을 바르게 찍어 보세요.

$23.2 \times 4.35 = 1\square0\square0\square9\square2$

$2.06 \times 7.85 = 1\square6\square1\square7\square1$

5 빈칸에 알맞은 수를 써넣으세요.

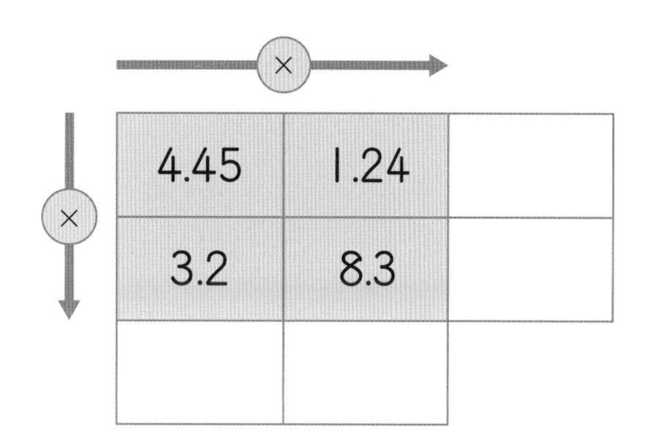

4.45	1.24	
3.2	8.3	

6 가장 큰 수와 가장 작은 수의 곱을 구해 보세요.

8.5 7.08 0.32 14.1

( )

7 직사각형 모양 색지의 가로는 1.7 cm이고 세로는 가로의 3배입니다. 이 직사각형의 넓이는 몇 cm^2인지 구해 보세요.

( ) cm^2

곱의 소수점 위치의 규칙

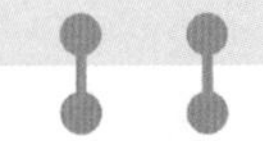
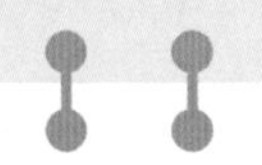

자연수와 소수의 곱셈에서 곱의 소수점 위치의 규칙 찾기

$2.14 \times 1 = 2.14$
$2.14 \times 10 = 21.4$
$2.14 \times 100 = 214$
$2.14 \times 1000 = 2140$

곱하는 수의 0이 하나씩 늘어날 때마다 곱의 소수점이 오른쪽으로 한 자리씩 옮겨집니다.

$214 \times 1 = 214$
$214 \times 0.1 = 21.4$
$214 \times 0.01 = 2.14$
$214 \times 0.001 = 0.214$

곱하는 소수의 소수점 아래 자리 수가 하나씩 늘어날 때마다 곱의 소수점이 왼쪽으로 한 자리씩 옮겨집니다.

소수끼리의 곱셈에서 곱의 소수점 위치의 규칙 찾기

$7 \times 5 = 35$
$0.7 \times 0.5 = 0.35$
$0.7 \times 0.05 = 0.035$
$0.07 \times 0.05 = 0.0035$

자연수끼리 곱한 결과에 곱하는 두 수의 소수점 아래 자리 수를 더한 것만큼 소수점을 왼쪽으로 옮깁니다.

1 □ 안에 알맞은 수를 써넣으세요.

❶ $3.12 \times 1 = 3.12$
$3.12 \times 10 = \square$
$3.12 \times 100 = \square$
$3.12 \times 1000 = \square$

❷ $854 \times 1 = \square$
$854 \times 0.1 = \square$
$854 \times 0.01 = \square$
$854 \times 0.001 = \square$

2 보기 를 이용하여 계산해 보세요.

보기 $15\times13=195$

❶ 15×1.3 ❷ 1.5×0.13 ❸ 0.15×0.13

3 계산 결과가 다른 하나를 찾아 기호를 써 보세요.

㉠ 12.8×0.045 ㉡ 0.128×4.5 ㉢ 1.28×0.45 ㉣ 12.8×4.5

( )

4 보기 를 이용하여 식을 완성해 보세요.

❶ 보기 $34\times21=714$

$0.34\times21=$ □

$3.4\times$ □ $=7.14$

$340\times210=$ □

❷ 보기 $64\times49=3136$

$6.4\times$ □ $=3.136$

$0.64\times49=$ □

$6.4\times$ □ $=313.6$

5 다음 식에서 ㉠×㉡의 값은 얼마인지 풀이 과정을 쓰고, 답을 구해 보세요.

$0.248\times$㉠$=24.8$
㉡$\times0.01=0.36$

풀이 ______

답 ______

연습 문제

[1~20] 소수의 곱셈을 계산해 보세요.

1 0.5×7

2 0.3×4

3 0.63×5

4 0.35×7

5 9.6×3

6 4.35×5

7 5×0.6

8 9×0.8

9 3×0.65

10 4×0.38

11 4×6.2

12 16×4.5

13 0.5×0.6

14 0.9×0.43

15 0.85×0.4

16 0.57×0.72

17 1.5×1.9

18 8.4×9.5

19 6.8×4.31

20 9.13×3.18

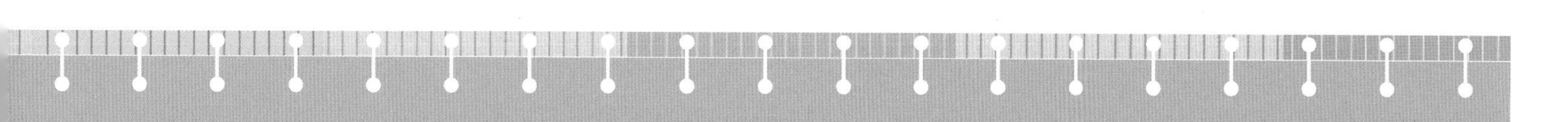

[21~24] □ 안에 알맞은 수를 써넣으세요.

21

$3\times7=\square$

$0.3\times0.7=\square$

$0.3\times0.07=\square$

$0.03\times0.07=\square$

$0.03\times0.007=\square$

22

$4\times8=\square$

$40\times0.8=\square$

$0.4\times0.8=\square$

$0.04\times0.08=\square$

$0.04\times80=\square$

23

$12\times5=\square$

$1.2\times5=\square$

$12\times0.5=\square$

$120\times0.05=\square$

$0.12\times0.05=\square$

24

$4\times25=\square$

$0.4\times25=\square$

$0.4\times2.5=\square$

$0.4\times0.25=\square$

$0.04\times0.25=\square$

[25~26] □ 안에 알맞은 수를 써넣어 식을 완성해 보세요.

25

$34\times56=\square$

$\square\times0.56-1.904$

$3.4\times\square=0.1904$

$340\times\square=1.904$

$\square\times5600=19.04$

$0.34\times\square=190.4$

26

$40\times20=\square$

$\square\times0.2=80$

$\square\times0.02=800$

$400\times\square=0.8$

$\square\times0.002=0.008$

$\square\times200=8$

단원 평가

1 0.5×0.6을 두 가지 방법으로 계산하려고 합니다. □ 안에 알맞은 수를 써넣으세요.

❶ $0.5\times0.6=\frac{\square}{10}\times\frac{\square}{10}=\frac{\square}{100}=\square$

❷ $5 \times 6 = \square$

↓ $\frac{1}{10}$배 ↓ $\frac{1}{10}$배 ↓ $\frac{1}{\square}$배

$0.5 \times 0.6 = \square$

2 계산 결과를 비교하여 ○ 안에 >, =, <를 알맞게 써넣으세요.

❶ 1.2×3.4 ○ 2.1×2.6 ❷ 4.3×0.2 ○ 3.8×0.4

3 계산 결과가 같은 것끼리 선으로 이어 보세요.

1.43×21 •	• 14.3×2.1
0.143×0.21 •	• 14.3×0.021
1.43×0.21 •	• 0.0143×2.1

4 보기를 이용하여 식을 완성해 보세요.

보기 46×121=5566

4.6×□=0.5566

5 가장 큰 수와 가장 작은 수의 곱을 구해 보세요.

0.01	0.8	0.15	0.9

( )

6 ㉡은 ㉠의 몇 배인지 구해 보세요.

㉠ 0.75의 4배 ㉡ 75×0.004

( )배

7 지민이네 강아지의 몸무게는 4.96 kg이고 서준이네 고양이는 지민이네 강아지의 몸무게의 0.7배입니다. 서준이네 고양이는 몇 kg인지 구해 보세요.

( ) kg

8 직사각형의 가로는 0.56 m이고 세로는 가로의 0.3배입니다. 이 직사각형의 둘레는 몇 m인지 구해 보세요.

( ) m

9 □ 안에 들어갈 수 있는 자연수를 모두 구해 보세요.

$2 \times 2.1 < \square < 1.05 \times 9$

( )

실력 키우기

1 아래 식에서 ㉢의 값을 구해 보세요.

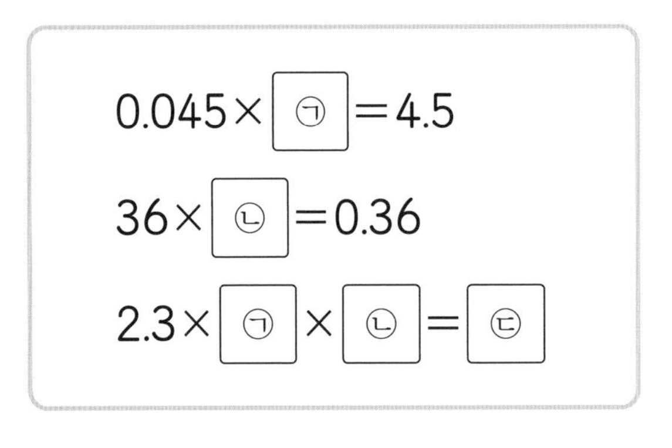

( )

2 길이가 0.54 m인 끈을 지호는 1000개 가지고 있고 민하는 100개 가지고 있습니다. 지호와 민하가 가지고 있는 끈의 길이의 합은 얼마인지 구해 보세요.

( ) m

3 직사각형의 세로는 1.35 m이고 가로는 세로의 4배입니다. 이 직사각형의 넓이는 몇 m^2인지 풀이 과정을 쓰고 답을 구해 보세요.

풀이 ______________________

____

답 ______________ m^2

4 길이가 30 cm인 양초가 있습니다. 이 양초는 한 시간에 4.5 cm씩 일정한 빠르기로 탄다고 합니다. 양초에 불을 붙여 45분 동안 태웠다면 타고 남은 양초의 길이는 몇 cm인지 풀이 과정을 쓰고 답을 구해 보세요.

풀이 ______________________

____

답 ______________ cm

- 직육면체 알아보기
- 정육면체 알아보기
- 직육면체의 성질 알아보기
- 직육면체의 겨냥도 알아보기
- 정육면체의 전개도 알아보기
- 직육면체의 전개도 알아보기

직육면체 알아보기

- 직사각형 6개로 둘러싸인 도형을 직육면체라고 합니다.
- 직육면체에서 선분으로 둘러싸인 부분을 면이라 하고, 면과 면이 만나는 선분을 모서리라고 합니다. 또, 모서리와 모서리가 만나는 점을 꼭짓점이라고 합니다.

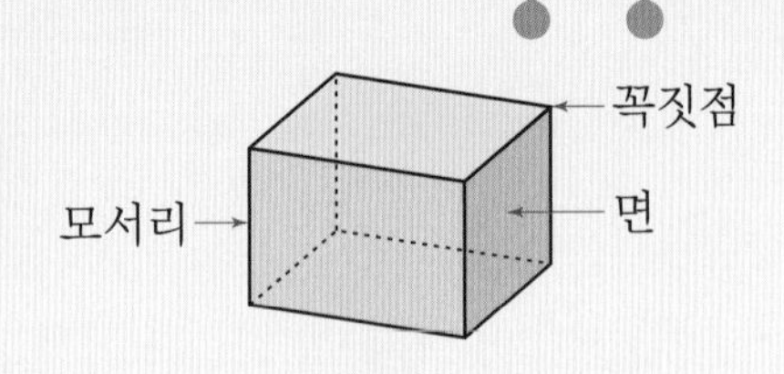

- 직육면체의 구성 요소의 수

면의 수(개)	모서리의 수(개)	꼭짓점의 수(개)
6	12	8

1 그림을 보고 □ 안에 알맞게 써넣으세요.

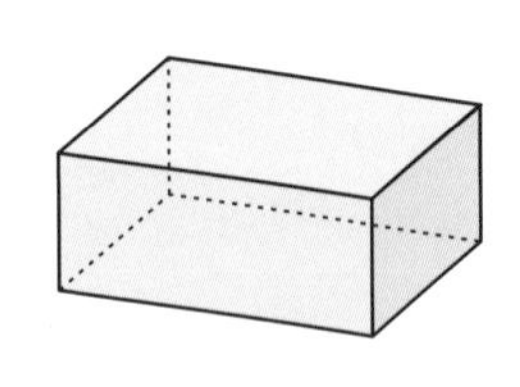

직사각형 □ 개로 둘러싸인 도형을 □ (이)라고 합니다.

2 직육면체의 각 부분의 이름을 □ 안에 알맞게 써넣으세요.

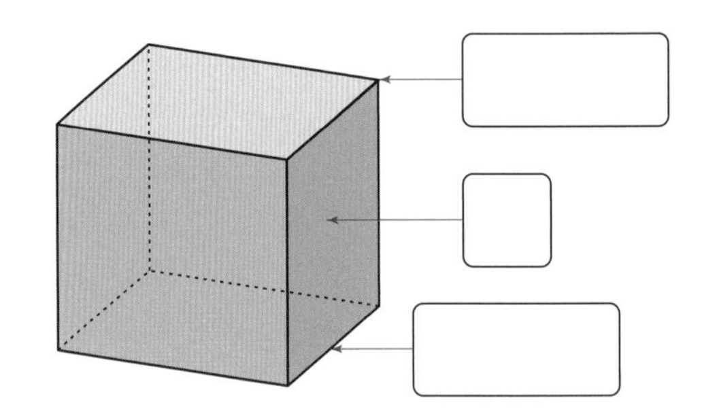

3 직육면체인 것을 모두 찾아 ○표 하세요.

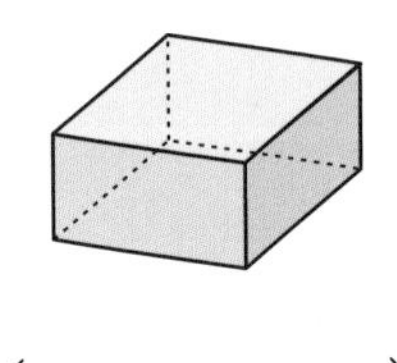 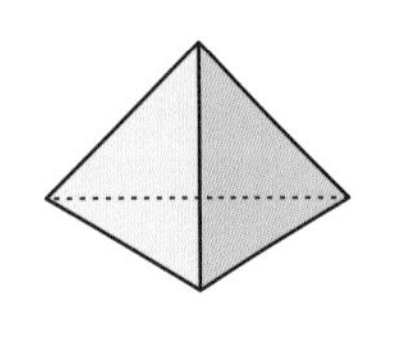 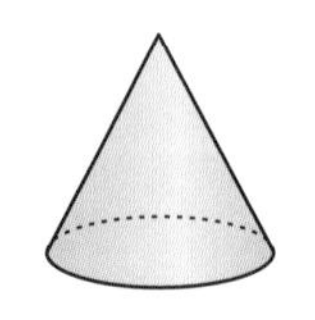 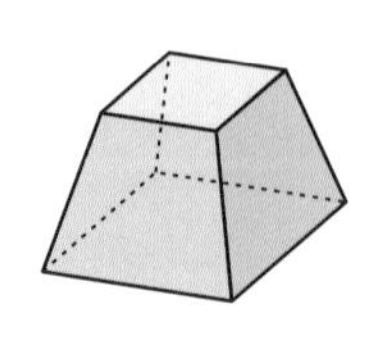 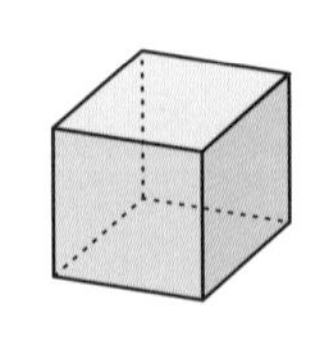

(　　　　) (　　　　) (　　　　) (　　　　) (　　　　)

4 직육면체의 면이 될 수 있는 도형을 모두 찾아 기호를 써 보세요.

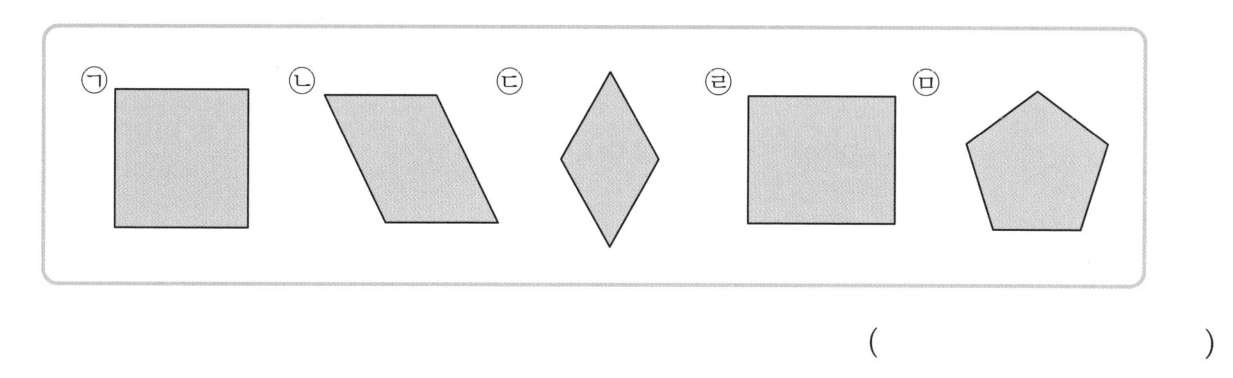

( )

5 친구들의 대화를 읽고 바르게 말한 친구의 이름을 모두 써 보세요.

직육면체에서 면과 면이 만나는 선분은 모두 8개입니다.
직육면체에서 모서리와 모서리가 만나는 점을 꼭짓점이라고 합니다.
직육면체에서 직사각형 모양의 면은 모두 6개입니다.
윤아
채린
희수

( )

6 직육면체의 면, 모서리, 꼭짓점의 수의 합을 구해 보세요.

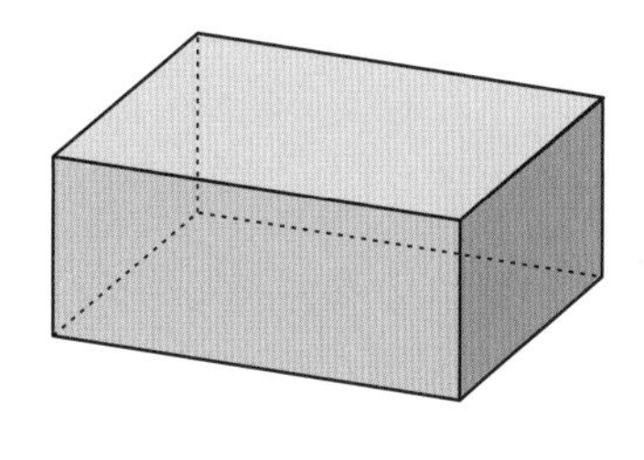

( )

7 다음 도형이 직육면체가 아닌 이유를 써 보세요.

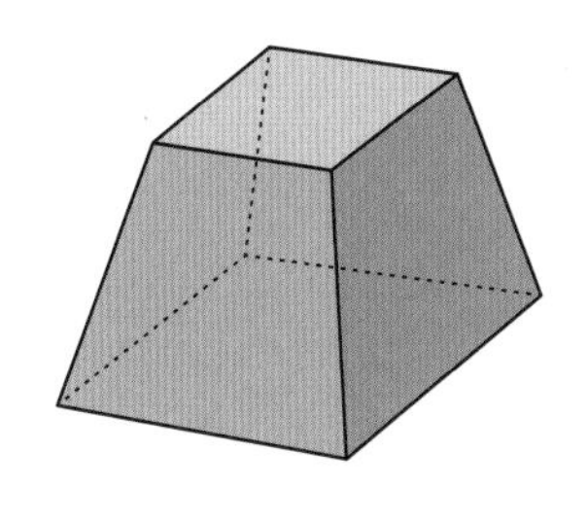

이유 ______________________________

____

정육면체 알아보기

• 정사각형 6개로 둘러싸인 도형을 정육면체라고 합니다.

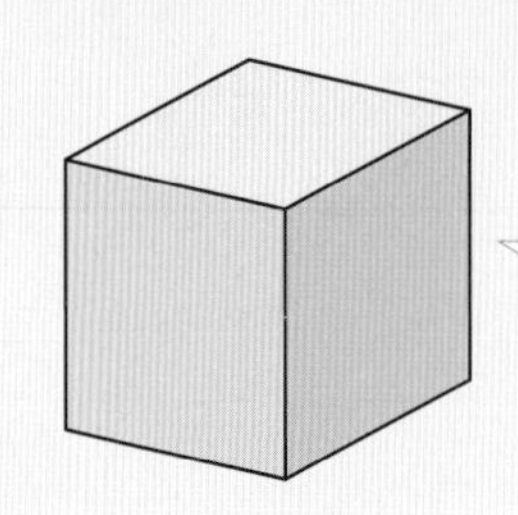

정사각형은 직사각형이므로 정육면체는 직육면체라고도 할 수 있습니다.

• 직육면체와 정육면체의 비교

도형	면의 모양	면의 수(개)	모서리의 수(개)	꼭짓점의 수(개)
직육면체	직사각형	6	12	8
정육면체	정사각형	6	12	8

1 그림을 보고 □ 안에 알맞게 써넣으세요.

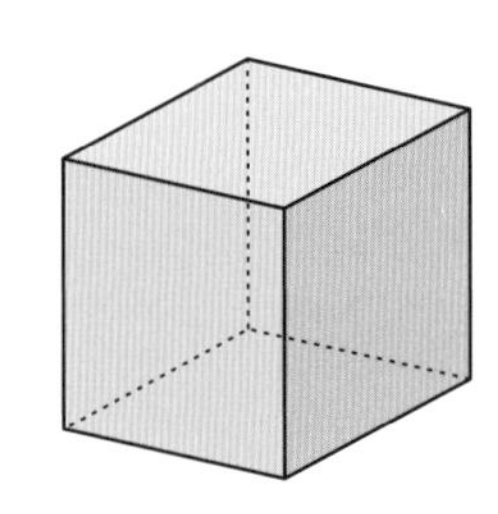

정사각형 □ 개로 둘러싸인 도형을 □ (이)라고 합니다.

2 그림을 보고 알맞은 말에 ○표 하세요.

가

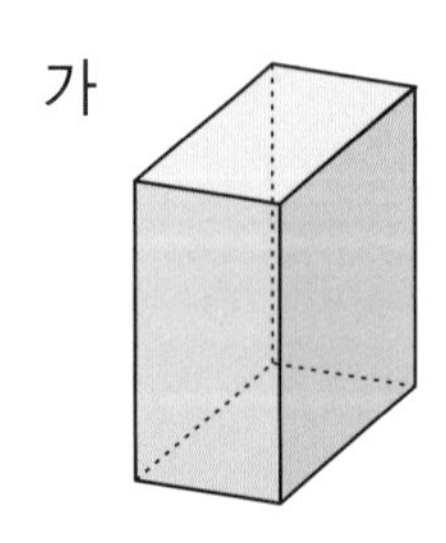

나

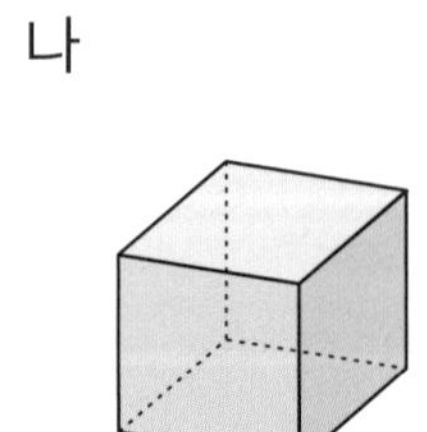

❶ 가는 모서리의 길이가 서로 (같습니다 , 다릅니다).

❷ 나는 모서리의 길이가 서로 (같습니다 , 다릅니다).

3 직육면체와 정육면체를 찾아 표를 완성해 보세요.

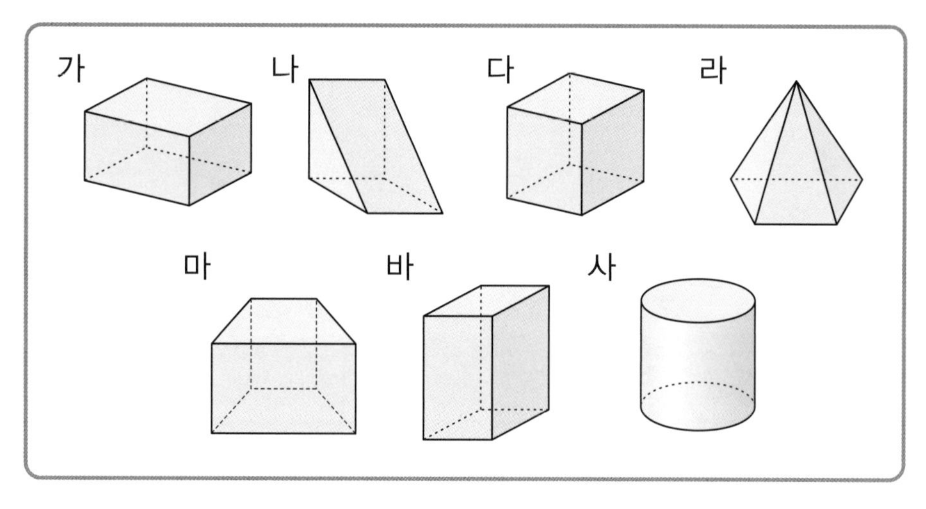

직육면체	정육면체

4 직육면체와 정육면체에 대해 잘못 설명한 사람을 찾아 이름을 쓰고, 바르게 고쳐 보세요.

민하: 정육면체의 꼭짓점은 모두 8개입니다.
서율: 정육면체의 모서리의 길이는 서로 다릅니다.
은영: 정육면체는 직육면체라고 할 수 있습니다.
민재: 직육면체와 정육면체는 면의 수가 같습니다.

( )

바르게 고치기 ______________________________

5 한 모서리의 길이가 5 cm인 정육면체가 있습니다. 이 정육면체의 모든 모서리 길이의 합은 몇 cm인지 구해 보세요.

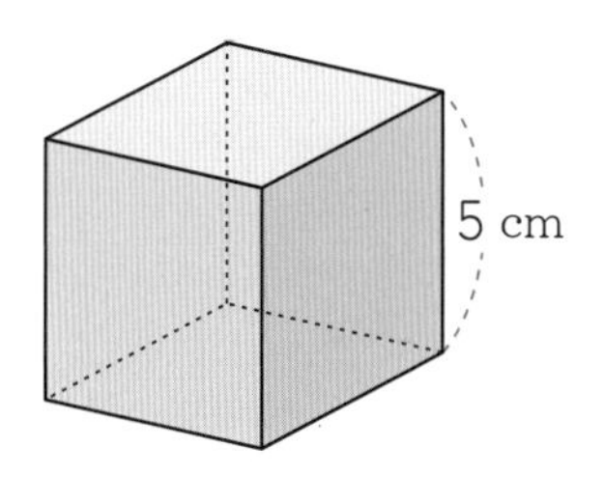

( ) cm

직육면체의 성질 알아보기

직육면체의 밑면

• 그림과 같이 직육면체에서 색칠한 두 면처럼 계속 늘여도 만나지 않는 두 면을 서로 평행하다고 합니다. 이 두 면을 직육면체의 밑면이라고 합니다.

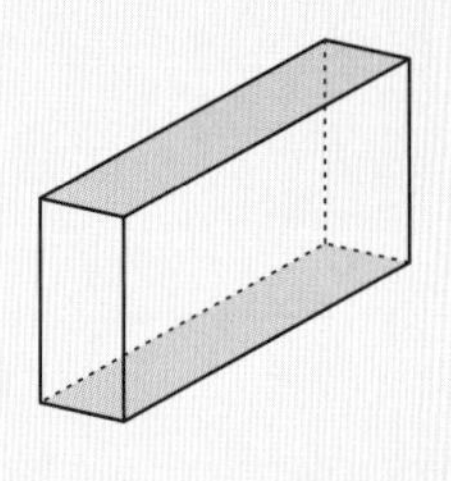
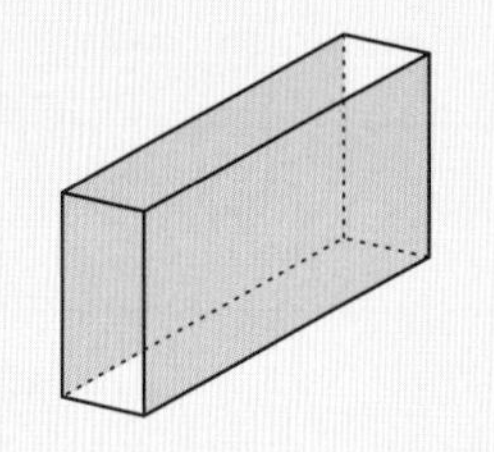
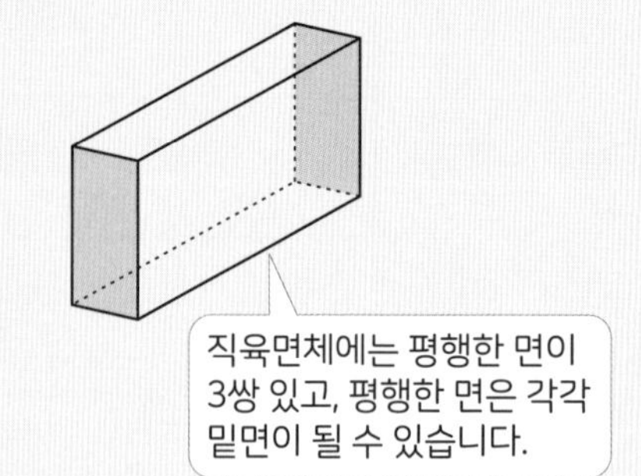

직육면체에는 평행한 면이 3쌍 있고, 평행한 면은 각각 밑면이 될 수 있습니다.

직육면체의 옆면

• 직육면체에서 밑면과 수직인 면을 직육면체의 옆면이라고 합니다.

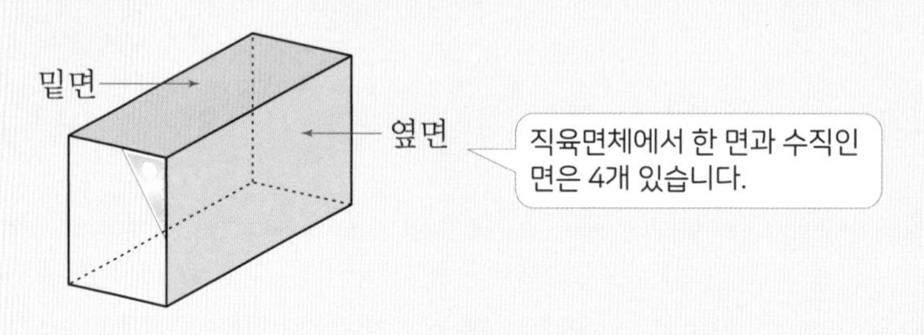
밑면
옆면
직육면체에서 한 면과 수직인 면은 4개 있습니다.

1 직육면체에서 색칠한 면과 평행한 면을 찾아 색칠하고, □ 안에 알맞은 말을 써넣으세요.

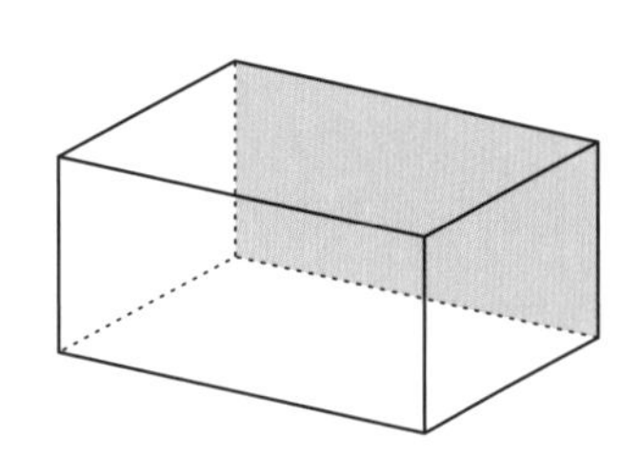

직육면체에서 서로 □한 두 면을 직육면체의 □(이)라고 합니다.

2 직육면체에서 서로 평행한 면은 모두 몇 쌍인지 구해 보세요.

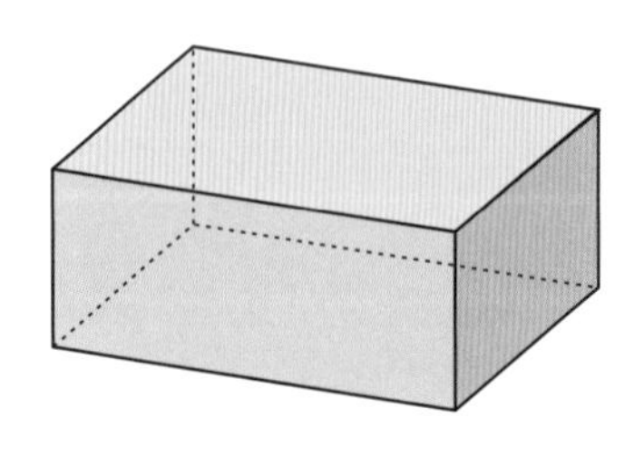

(　　　　　　　　)쌍

3 직육면체를 보고 물음에 답하세요.

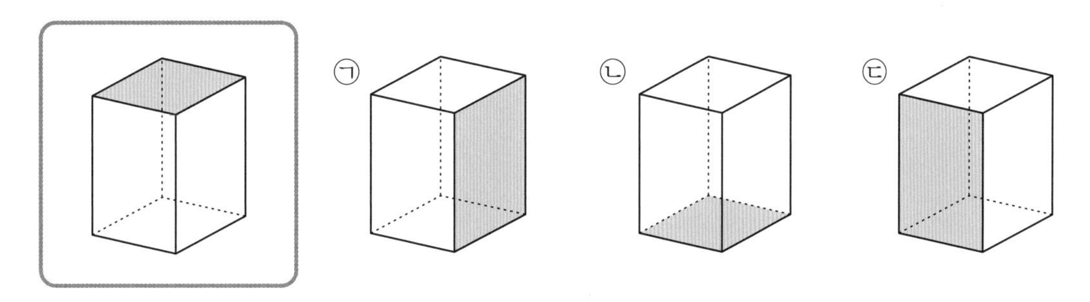

❶ 왼쪽 직육면체의 색칠한 면과 평행한 면에 색칠한 것을 찾아 기호를 써 보세요.

(　　　　　　　　　　)

❷ 왼쪽 직육면체의 색칠한 면과 수직인 면에 색칠한 것을 모두 찾아 기호를 써 보세요.

(　　　　　　　　　　)

4 직육면체에서 면 ㄱㄴㄷㄹ과 수직인 면을 모두 찾아 ○표 하세요.

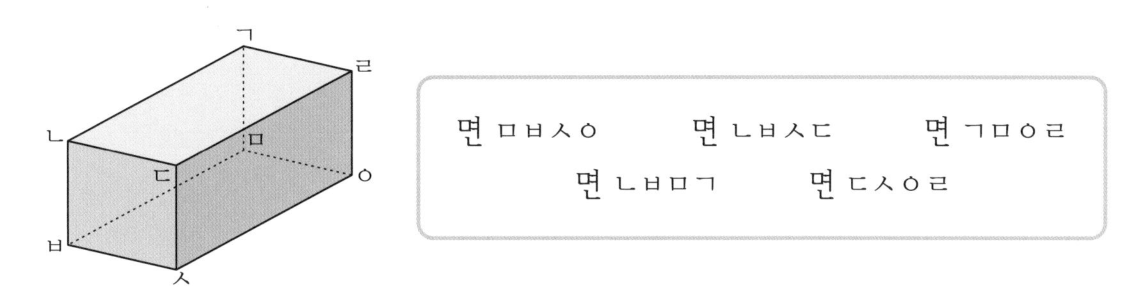

5 직육면체에서 면 ㄱㄴㅂㅁ과 평행한 면의 모서리 길이의 합은 몇 cm인지 구해 보세요.

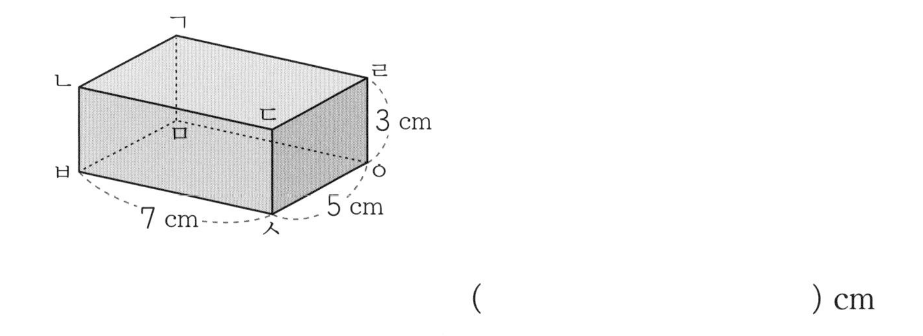

(　　　　　　　　　　) cm

6 주사위의 서로 평행한 두 면의 눈의 수의 합은 7입니다. 눈의 수가 2인 면과 수직인 면들의 눈의 수를 모두 써 보세요.

(　　　　　　　　　　)

직육면체의 겨냥도 알아보기

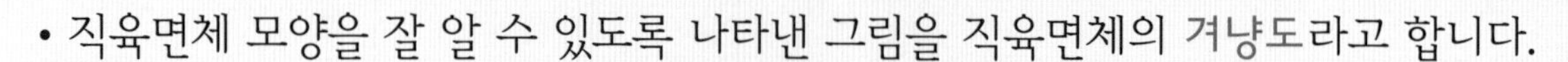

• 직육면체 모양을 잘 알 수 있도록 나타낸 그림을 직육면체의 겨냥도라고 합니다.

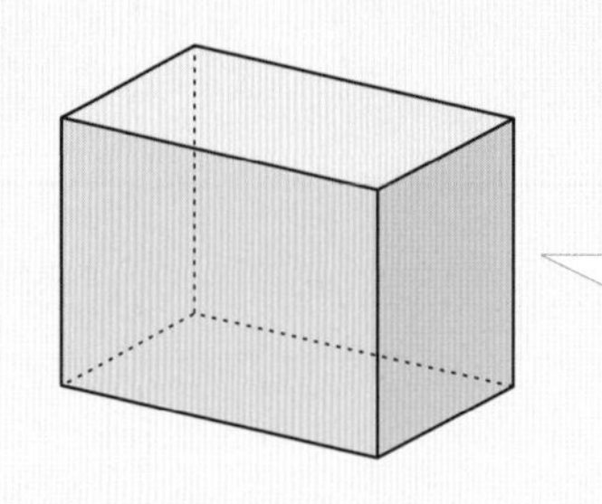

보이는 모서리는 실선으로, 보이지 않는 모서리는 점선으로 그립니다.

• 직육면체의 겨냥도에서 면, 모서리, 꼭짓점의 수

면의 수(개)		모서리의 수(개)		꼭짓점의 수(개)	
보이는 면	보이지 않는 면	보이는 모서리	보이지 않는 모서리	보이는 꼭짓점	보이지 않는 꼭짓점
3	3	9	3	7	1

1 알맞은 말에 ○표 하세요.

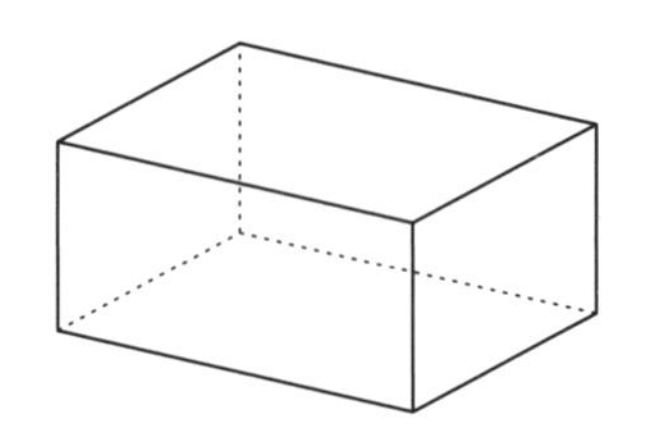

직육면체의 겨냥도는 직육면체 모양을 잘 알 수 있도록 보이는 모서리는 (실선 , 점선)으로, 보이지 않는 모서리는 (실선 , 점선)으로 그린 그림입니다.

2 직육면체의 겨냥도를 바르게 그린 것을 찾아 ○표 하세요.

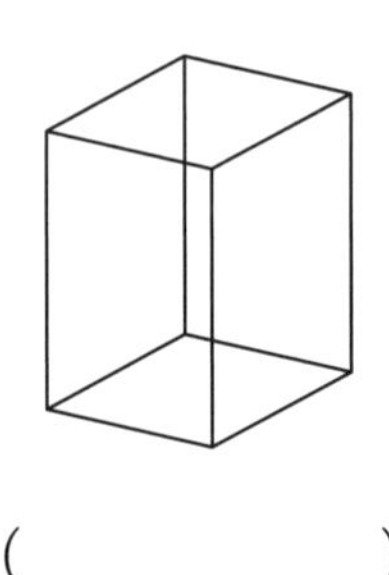
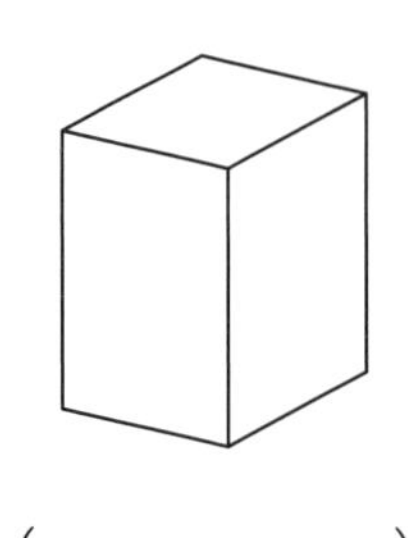
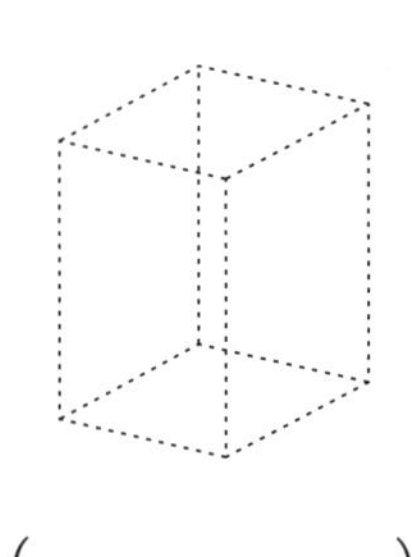
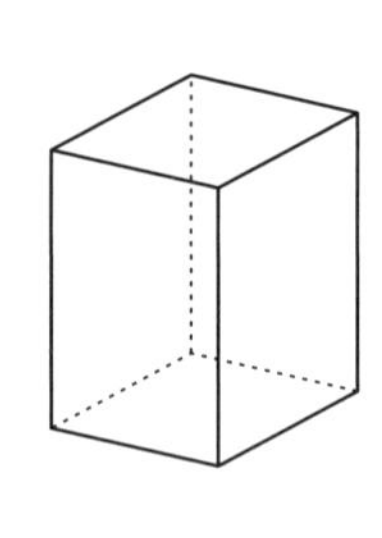

( ) ( ) ( ) ( )

3 직육면체를 보고 □ 안에 알맞은 수를 써넣으세요.

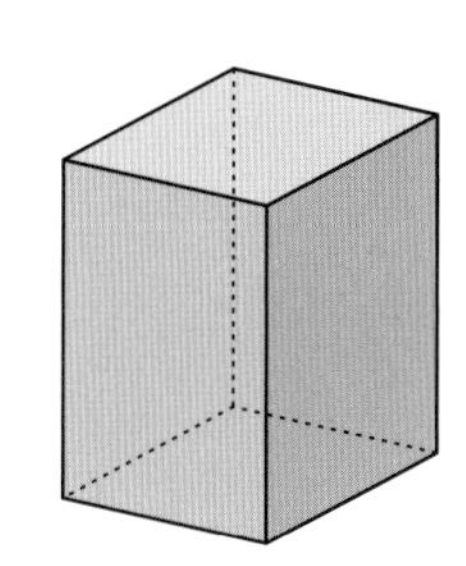

• 보이지 않는 면은 □개입니다.

• 보이지 않는 모서리는 □개입니다.

• 보이지 않는 꼭짓점은 □개입니다.

4 그림에서 빠진 부분을 그려 넣어 직육면체의 겨냥도를 완성해 보세요.

❶

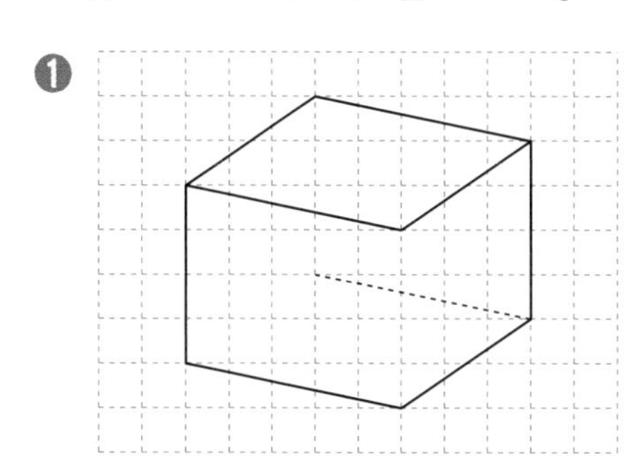

❷

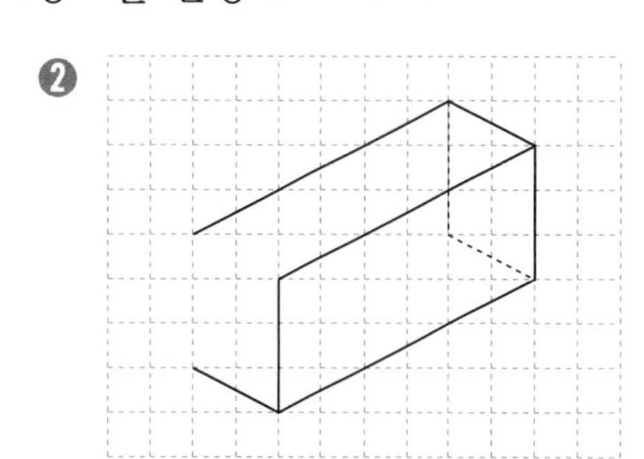

5 직육면체에서 보이지 않는 모서리의 길이의 합은 몇 cm인지 구해 보세요.

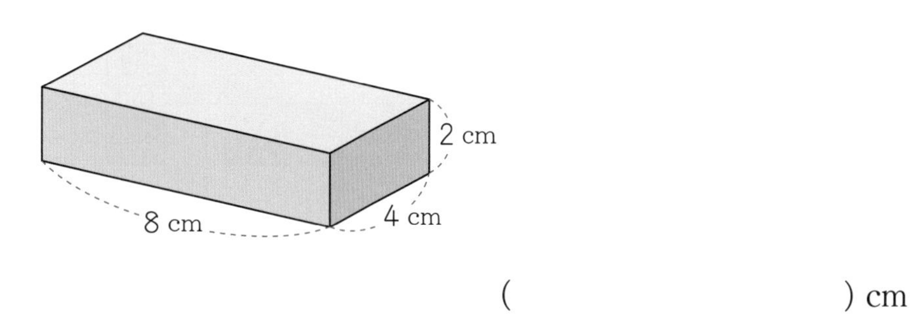

( ) cm

6 직육면체의 겨냥도에서 보이지 않는 모서리의 길이의 합이 16 cm일 때 직육면체의 모든 모서리의 길이의 합은 몇 cm인지 풀이 과정을 쓰고 답을 구해 보세요.

풀이 ____________________

____

답 __________ cm

정육면체의 전개도 알아보기

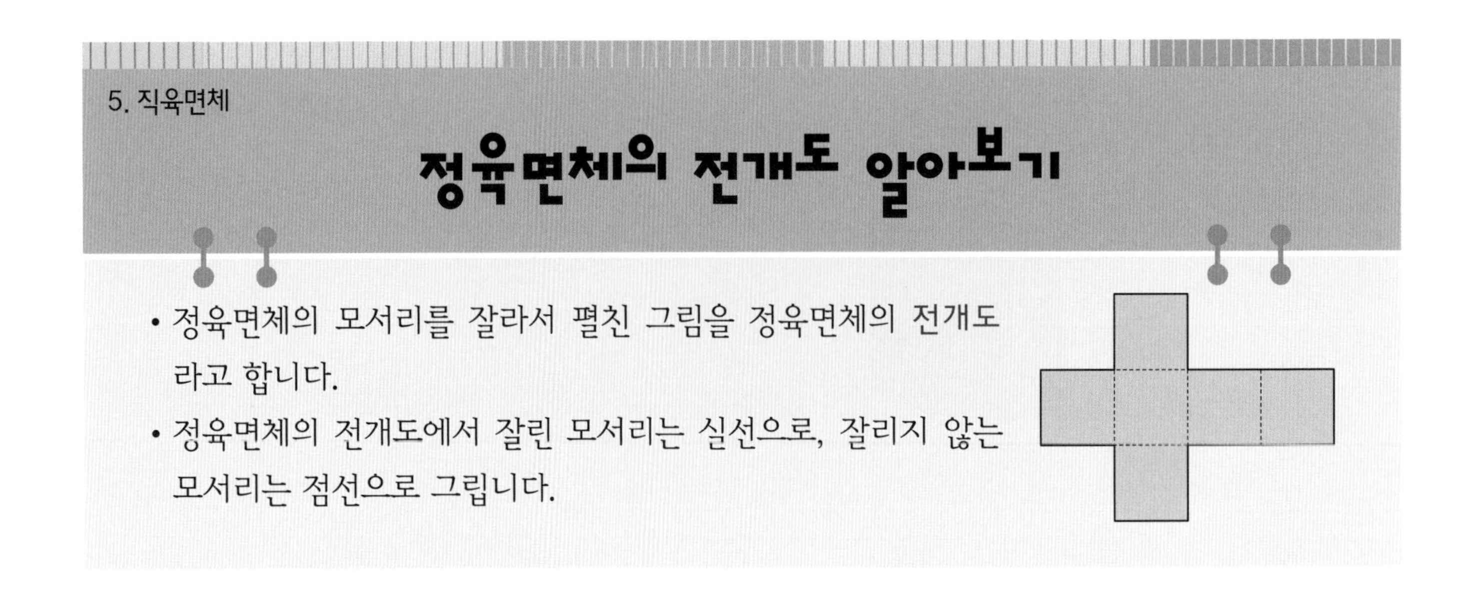

- 정육면체의 모서리를 잘라서 펼친 그림을 정육면체의 전개도라고 합니다.
- 정육면체의 전개도에서 잘린 모서리는 실선으로, 잘리지 않는 모서리는 점선으로 그립니다.

1 그림을 보고 □ 안에 알맞게 써넣으세요.

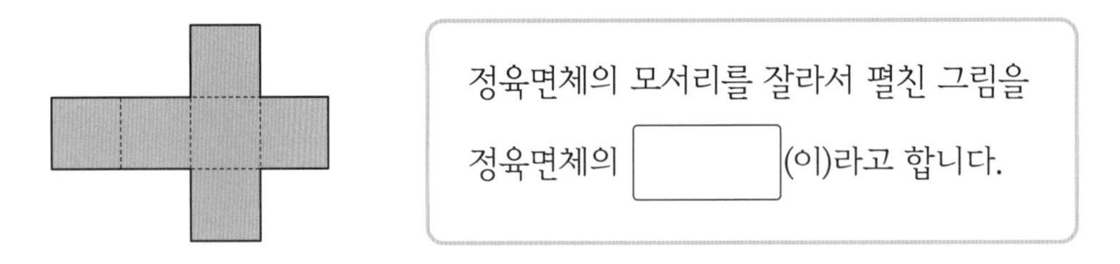

정육면체의 모서리를 잘라서 펼친 그림을 정육면체의 □(이)라고 합니다.

2 접었을 때 정육면체가 되는 전개도를 모두 찾아 ○표 하세요.

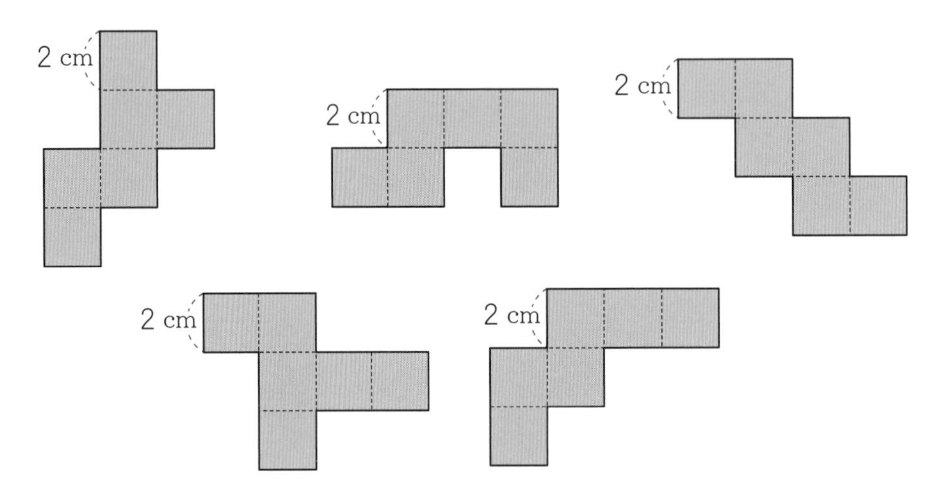

3 정육면체의 전개도를 접었을 때 색칠한 면과 수직인 면을 모두 찾아 색칠해 보세요.

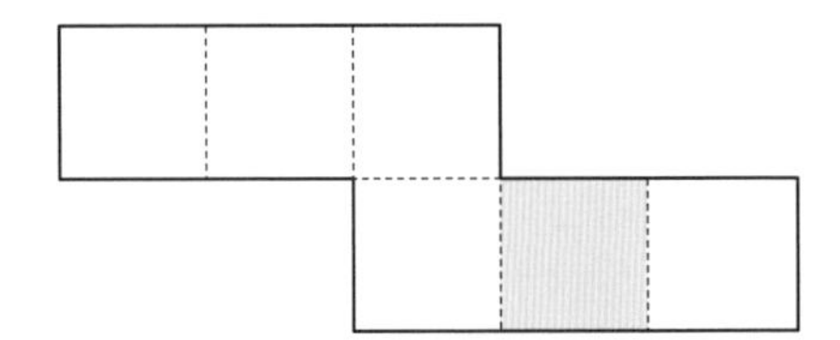

4 전개도를 접어서 정육면체를 만들었습니다. 물음에 답하세요.

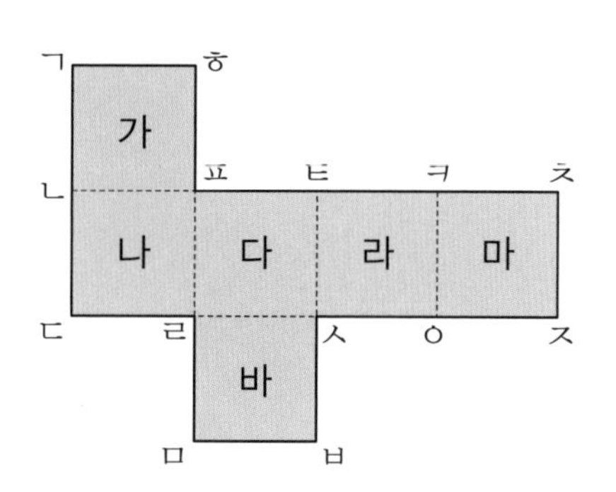

❶ 선분 ㅎㅍ과 겹쳐지는 선분을 찾아 써 보세요.

선분 (　　　　　　　　　　)

❷ 면 가과 평행한 면을 찾아 써 보세요.

면 (　　　　　　　　　　)

❸ 면 라와 수직인 면을 모두 찾아 써 보세요.

면 (　　　　　　　　　　), 면 (　　　　　　　　　　),
면 (　　　　　　　　　　), 면 (　　　　　　　　　　)

5 빠진 부분을 그려 넣어 정육면체의 전개도를 완성해 보세요.

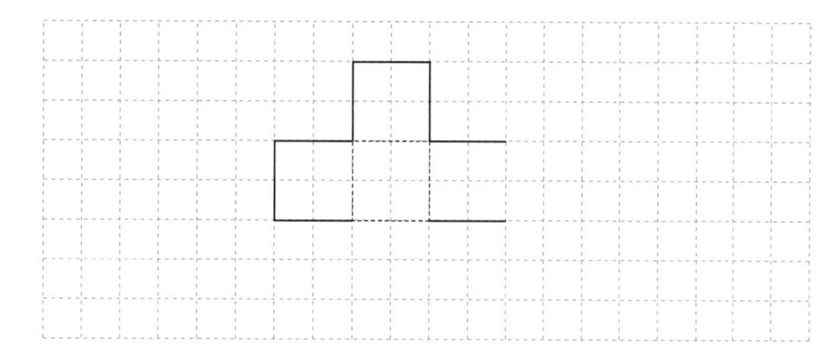

6 정육면체의 전개도입니다. 서로 평행한 두 면에 적힌 수의 합이 16일 때, 전개도의 빈 곳에 알맞은 수를 써넣으세요.

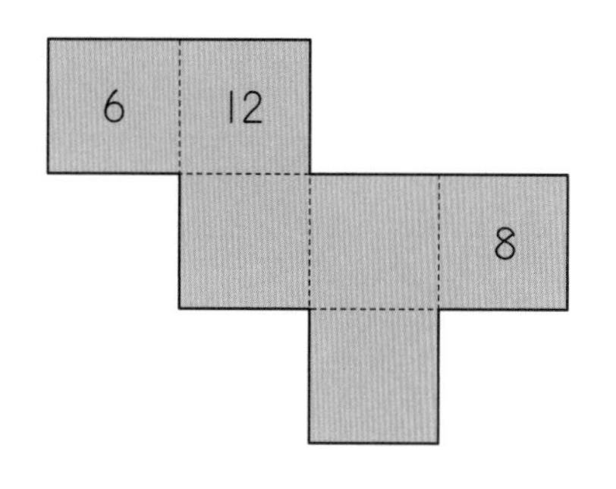

직육면체의 전개도 알아보기

직육면체의 전개도 그리기

① 잘린 모서리는 실선으로, 잘리지 않는 모서리는 점선으로 그립니다.
② 서로 마주 보는 면은 모양과 크기를 같게 그립니다.
③ 서로 만나는 모서리의 길이를 같게 그립니다.

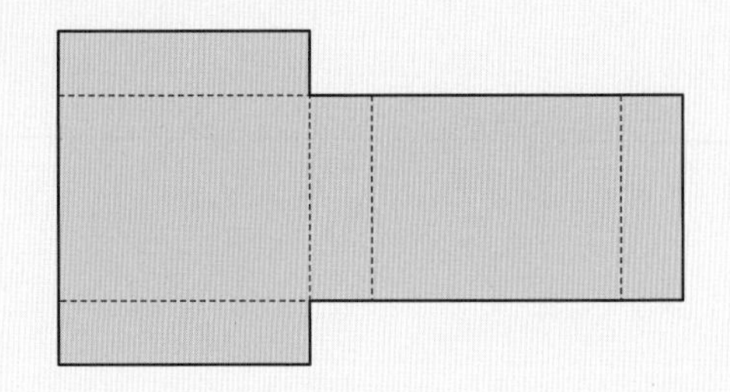

직육면체의 전개도를 정확하게 그렸는지 확인하는 방법

① 모양과 크기가 같은 면이 3쌍인지 확인합니다.
② 접었을 때 겹치는 면이 없는지 확인합니다.
③ 접었을 때 만나는 모서리의 길이가 같은지 확인합니다.

1 직육면체의 전개도를 보고 □ 안에 알맞게 써넣고, 알맞은 말에 ○표 하세요.

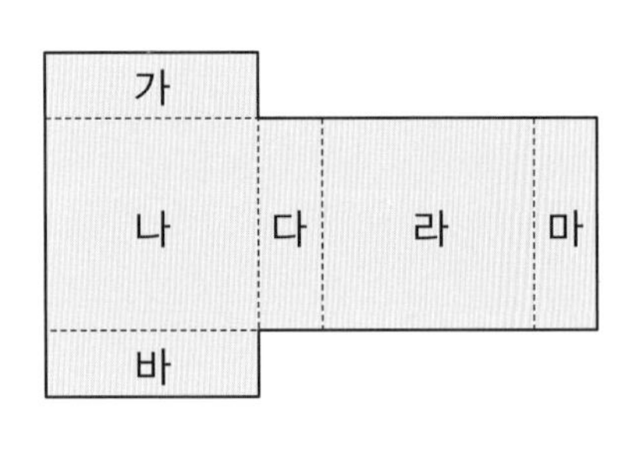

• 바르게 그린 직육면체 전개도에는 모양과 크기가 같은 면이 □쌍 있습니다.
• 전개도를 접었을 때 겹치는 면이 (있고 , 없고), 만나는 모서리의 길이가 (같습니다 , 다릅니다).

2 직육면체의 모서리를 잘라서 직육면체의 전개도를 만들었습니다. □ 안에 알맞은 기호를 써넣으세요.

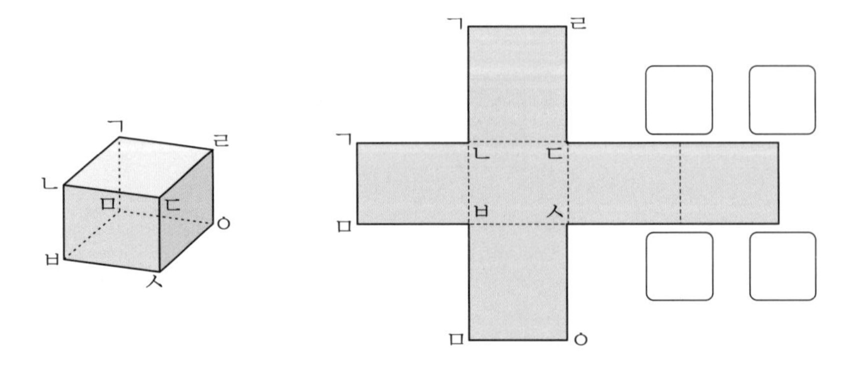

3 직육면체의 전개도를 잘못 그린 이유를 모두 찾아 기호를 써 보세요.

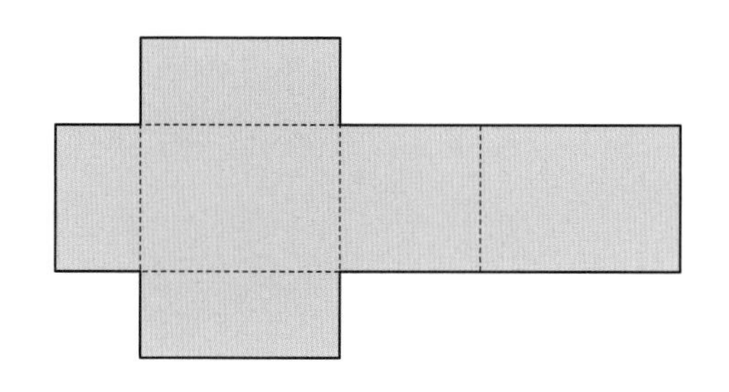

㉠ 면이 6개가 아닙니다.
㉡ 모양과 크기가 같은 면이 3쌍이 아닙니다.
㉢ 접었을 때 겹치는 면이 있습니다.
㉣ 접었을 때 만나는 모서리의 길이가 다릅니다.

(　　　　　　　　)

4 다음 전개도를 접어서 직육면체를 만들었을 때 면 ㉠과 평행한 면을 찾아 색칠하고, 색칠한 부분의 넓이는 몇 cm^2인지 구해 보세요.

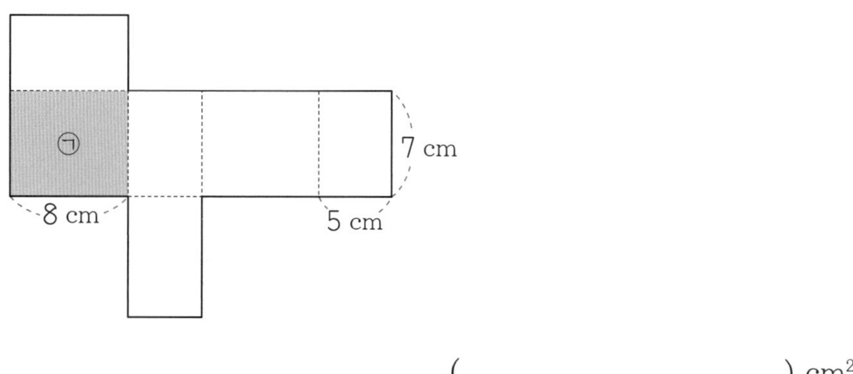

(　　　　　　　　) cm^2

5 직육면체의 겨냥도를 보고 전개도를 그려 보세요.

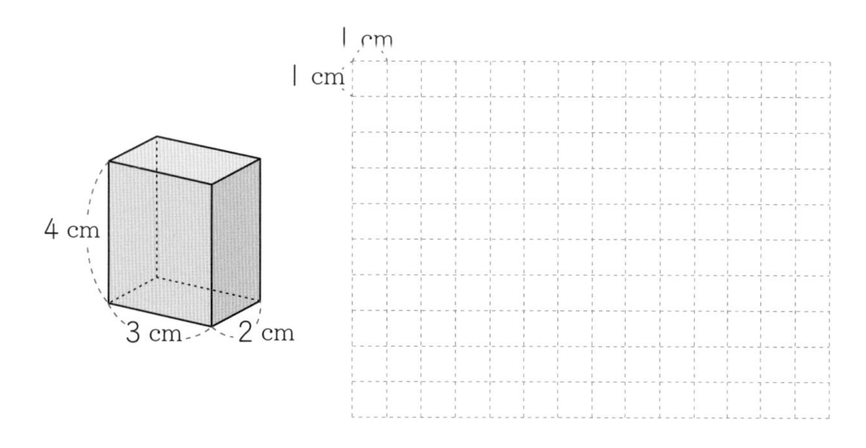

연습 문제

[1~2] □ 안에 알맞게 써넣으세요.

1 직사각형 6개로 둘러싸인 도형을 □(이)라고 합니다.

2 정육면체의 모서리의 개수와 꼭짓점의 개수의 합은 □개입니다.

3 직육면체의 각 부분의 이름을 □ 안에 알맞게 써넣으세요.

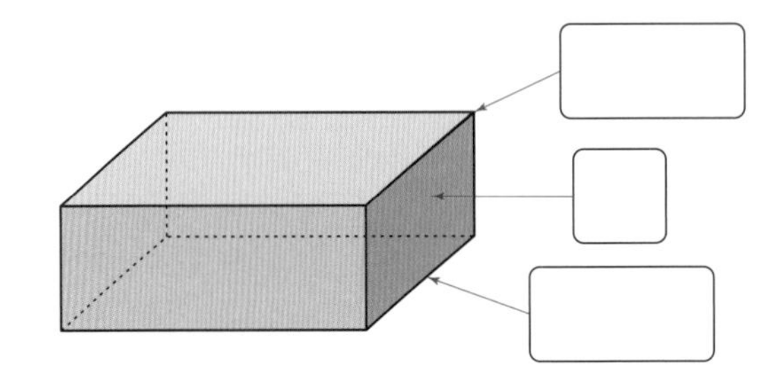

[4~7] 직육면체에서 색칠한 면과 평행한 면을 찾아 색칠해 보세요.

4

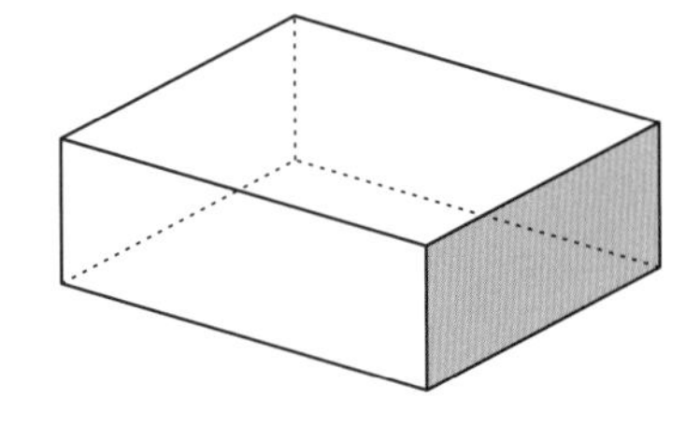

5

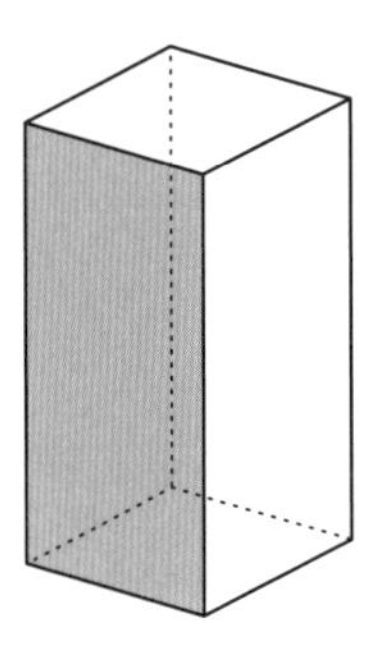

6

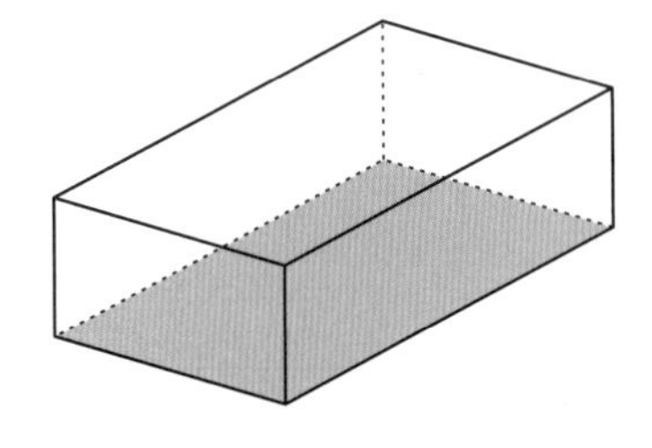

7

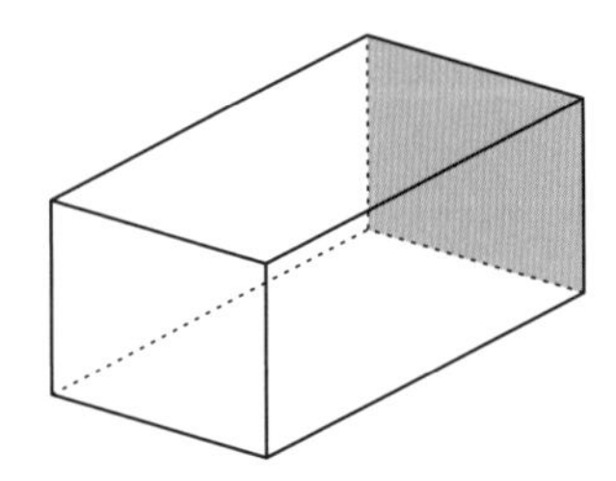

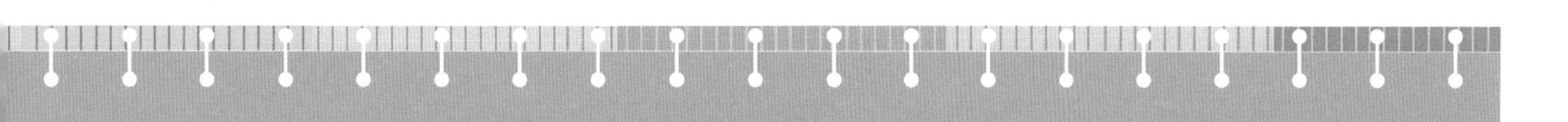

[8~9] 직육면체의 겨냥도를 완성해 보세요.

8

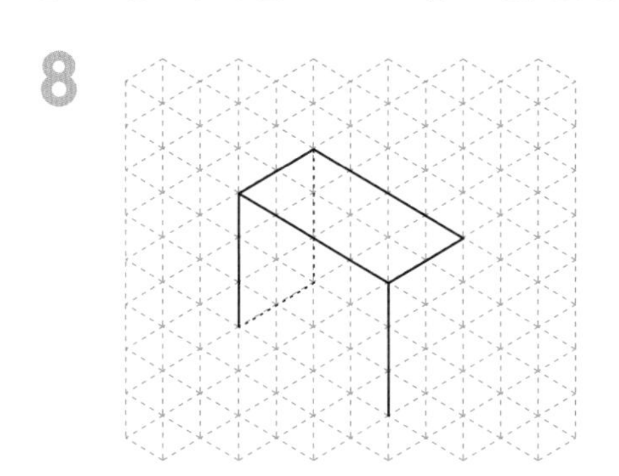

9

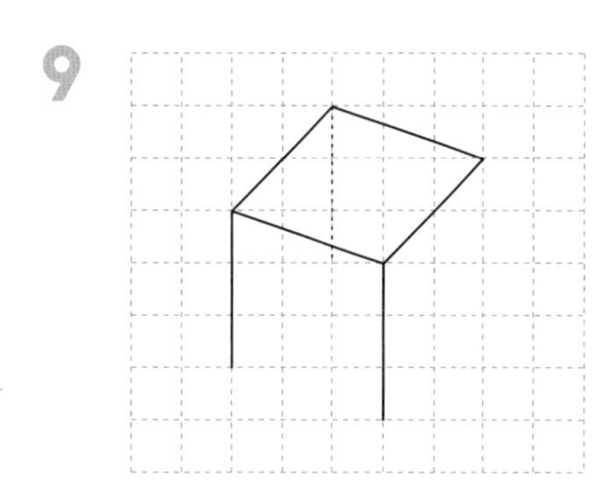

[10~11] 직육면체의 겨냥도를 보고 전개도를 완성해 보세요.

10

11

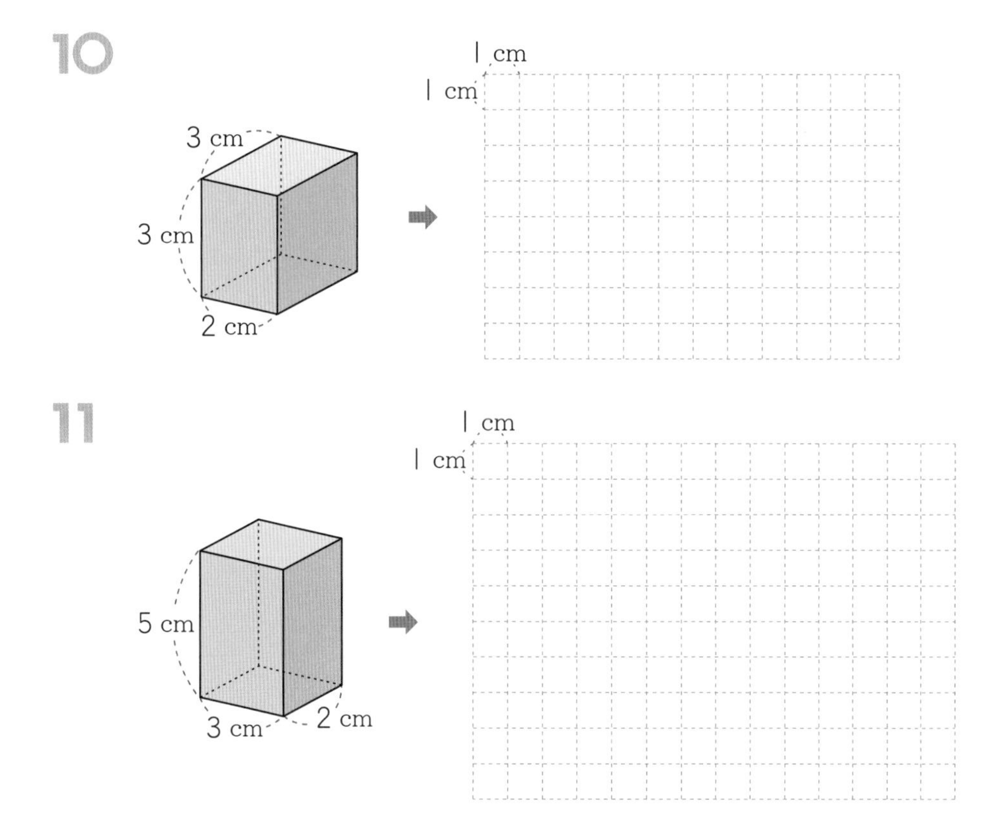

[12~13] 전개도를 접어서 서로 마주 보는 면의 수의 합이 7이 되도록 비어 있는 면에 알맞은 수를 써 보세요.

12

13

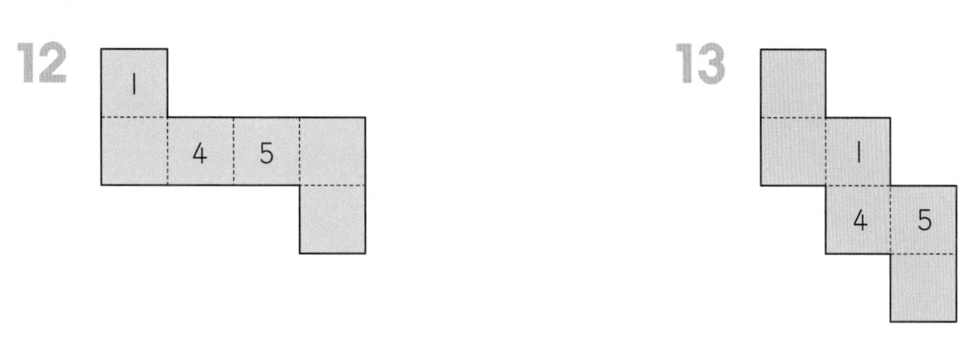

단원 평가

1 다음과 같이 직사각형 6개로 둘러싸인 도형을 무엇이라고 하는지 써 보세요.

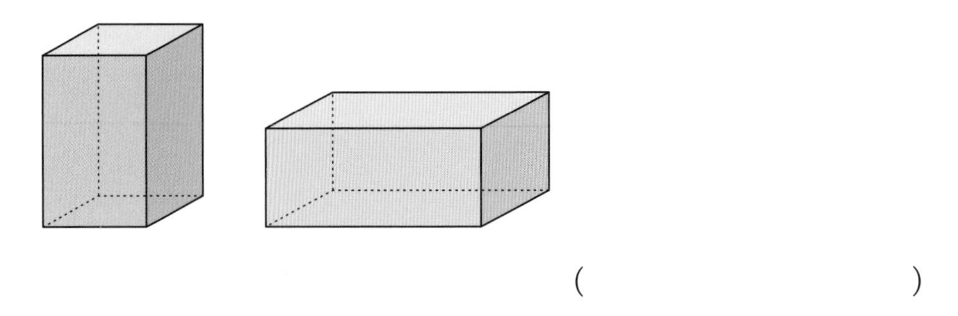

( )

2 정육면체를 보고 □ 안에 알맞은 수를 써넣으세요.

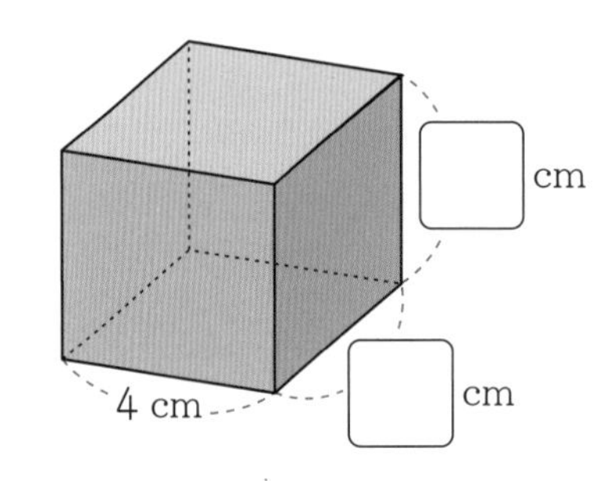

3 직육면체의 겨냥도를 그렸습니다. 잘못된 부분을 모두 찾아 기호를 써 보세요.

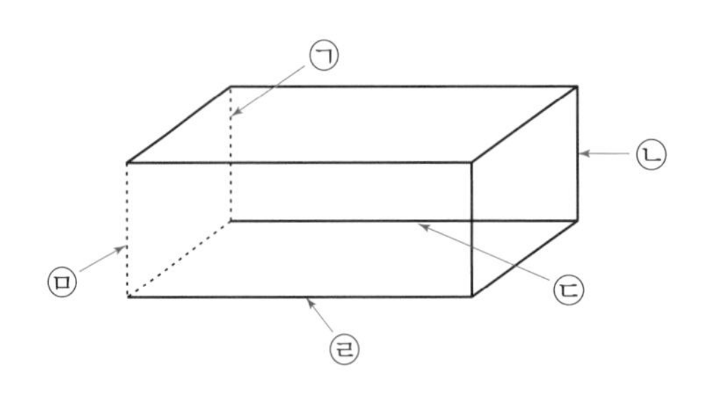

( )

4 다음 직육면체에서 색칠한 면과 평행한 면의 둘레는 몇 cm인지 구해 보세요.

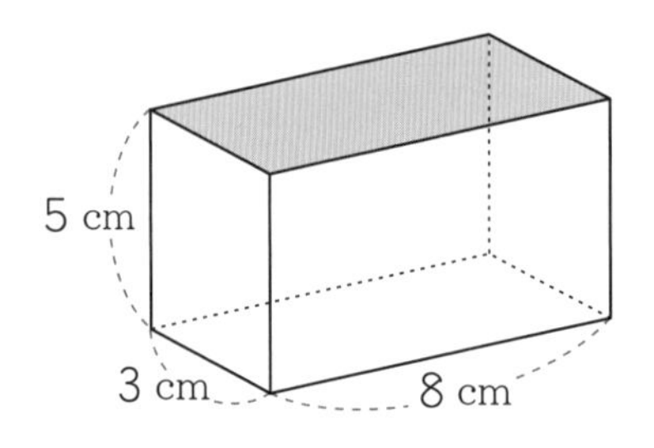

( ) cm

5 정육면체의 전개도를 잘못 그린 것을 모두 찾아 기호를 써 보세요.

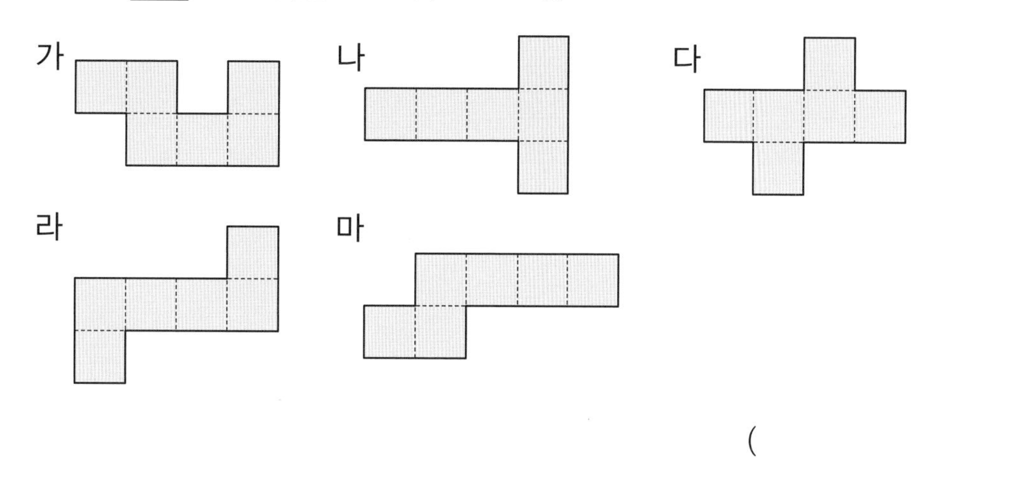

(　　　　　　　　　　)

6 정육면체의 전개도에서 두 면 사이의 관계가 다른 하나를 찾아 기호를 써 보세요.

(　　　　　　　　　　)

7 보기 와 같이 그림 3개가 그려져 있는 정육면체를 만들 수 있도록 전개도에 그림 1개를 그려 넣으세요. (단, 그림의 방향은 관계 없습니다.)

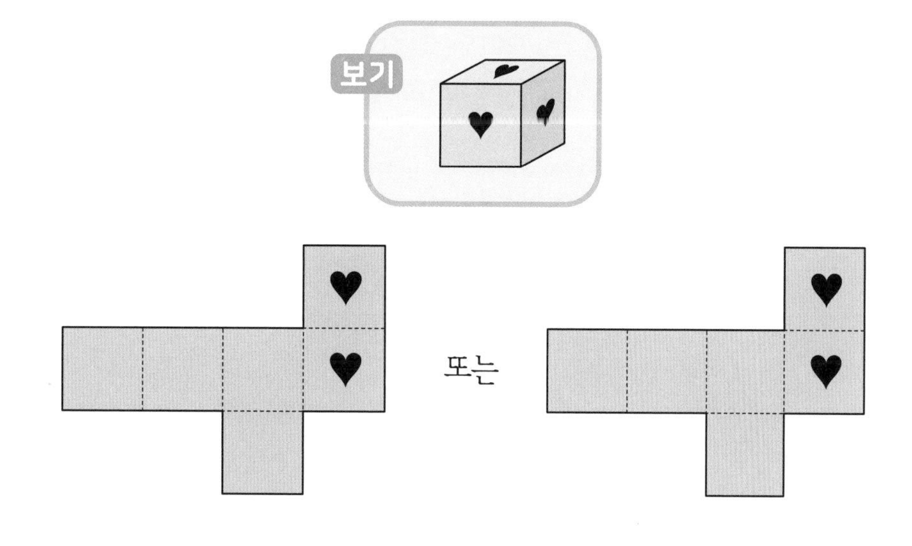

실력 키우기

1 그림과 같이 직육면체의 상자에 선을 그었습니다. 물음에 답하세요.

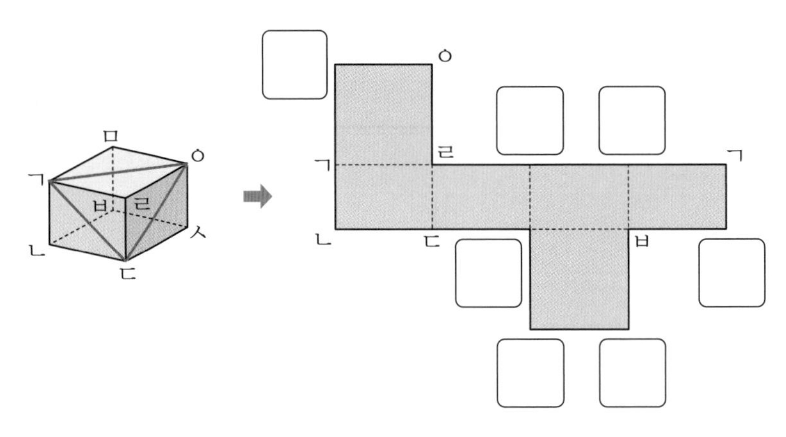

❶ 전개도의 □ 안에 알맞은 기호를 써넣으세요.

❷ 직육면체의 전개도에 선이 지나간 자리를 바르게 그려 보세요.

2 주사위에서 서로 평행한 두 면의 눈의 수의 합은 7입니다. 눈의 수가 4인 면과 수직인 면의 눈의 수의 합을 구해 보세요.

( )

3 직육면체 모양의 선물 상자를 그림과 같이 길이가 160 cm인 끈으로 둘러 묶었습니다. 매듭의 길이가 15 cm라면 사용하고 남은 끈의 길이는 몇 cm인지 구해 보세요.

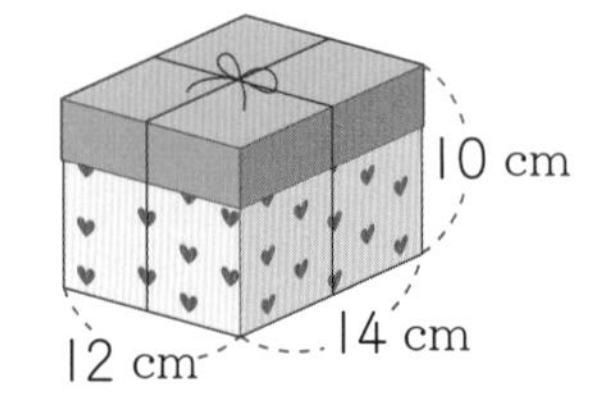

( ) cm

4 정육면체의 겨냥도에서 보이지 않는 모서리 길이의 합이 27 cm일 때 보이는 면의 넓이의 합은 몇 cm^2인지 풀이 과정을 쓰고 답을 구해 보세요.

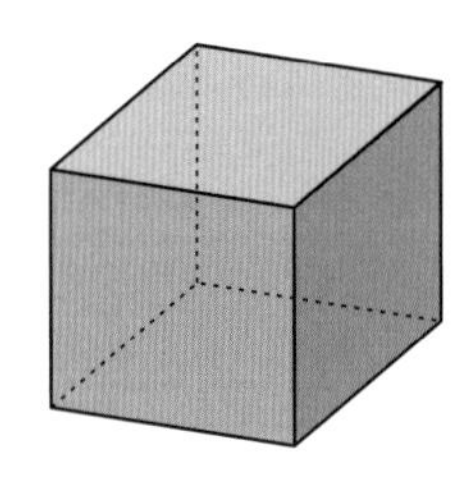

풀이

답 cm^2

6. 평균과 가능성

- 평균 알아보기
- 평균 구하기
- 평균 이용하기
- 일이 일어날 가능성을 말로 표현하기
- 일이 일어날 가능성을 비교하기
- 일이 일어날 가능성을 수로 표현하기

평균 알아보기

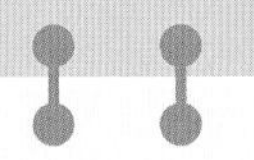

• 자료의 값을 모두 더해 자료의 수로 나눈 값을 자료를 대표하는 값으로 정할 수 있습니다. 이 값을 평균이라고 합니다.

(평균)=(자료의 값을 모두 더한 수)÷(자료의 수)

1 유리네 모둠의 팔굽혀펴기 기록을 나타낸 표입니다. □ 안에 알맞게 써넣으세요.

유리네 모둠의 팔굽혀펴기 기록

이름	유리	서준	성우	시율
기록(회)	7	11	10	8

❶ 유리네 모둠의 팔굽혀펴기 기록의 합은 7+□+□+□=□(회)입니다.

❷ 유리네 모둠 학생 수는 모두 □명입니다.

❸ 유리네 모둠의 팔굽혀펴기 기록의 평균은 □÷□=□(회)입니다.

2 과일 가게에서 귤 1 kg을 한 봉지에 넣어 판매합니다. □ 안에 알맞은 수를 써넣으세요.

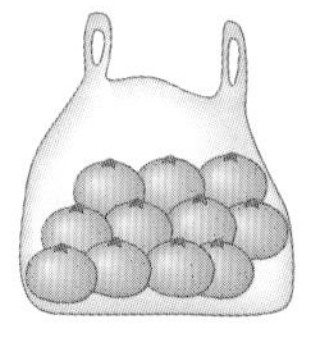
11개

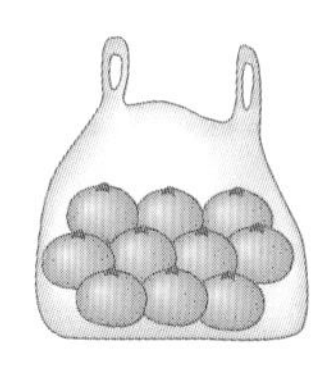
10개

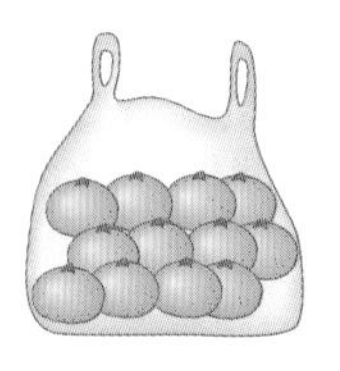
12개

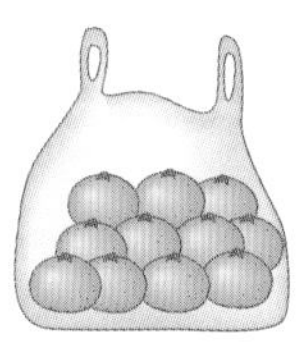
11개

귤은 한 봉지에 평균 □개 들어 있습니다.

3 서사원 초등학교 5학년 학생들의 학급별 학생 수를 나타낸 표입니다. 학급별 학생 수는 평균 몇 명이라고 할 수 있는지 구해 보세요.

학급별 학생 수

학급(반)	1	2	3	4	5
학생 수(명)	25	22	22	24	22

➡ 서사원 초등학교 5학년의 한 학급에는 평균 ☐명이 있습니다.

4 민하네 모둠과 윤아네 모둠의 투호 놀이 기록을 나타낸 표입니다. 물음에 답하세요.

민하네 모둠의 투호 놀이 기록

이름	넣은 화살의 수(개)
민하	2
민준	5
하준	6
예진	4
주완	3

윤아네 모둠의 투호 놀이 기록

이름	넣은 화살의 수(개)
윤아	1
여준	8
지현	2
승도	1

❶ 두 모둠의 투호 놀이 기록에 대해 잘못 말한 친구를 골라 이름을 써 보세요.

서율: 민하네 모둠은 총 20개, 윤아네 모둠은 총 12개의 화살을 넣었으니까 민하네 모둠이 더 잘했다고 볼 수 있어.

성우: 두 모둠이 넣은 화살의 수를 대표하는 값을 구해 보면 어느 모둠이 더 잘했는지 비교할 수 있을 거야.

이현: 두 모둠의 최고 기록을 비교해 보면 민하네 모둠은 6개, 윤아네 모둠은 8개이지만, 단순히 각 모둠의 최고 기록만으로는 어느 모둠이 더 잘했는지 판단하기 어려워.

( )

❷ 민하네 모둠과 윤아네 모둠이 넣은 화살의 수의 평균을 각각 구해 보세요.

민하네 모둠 ( )개, 윤아네 모둠 ( )개

❸ 위 ❷의 결과를 바탕으로 어느 모둠이 더 잘했다고 볼 수 있는지 써 보세요.

( ) 모둠

평균 구하기

평균 구하기

민호의 과녁 맞히기 기록

회	1회	2회	3회	4회	5회
점수(점)	3	2	0	6	4

방법 1 자료의 값을 모두 더하고 자료의 수로 나누어 평균 구하기

(민호의 과녁 맞히기 기록의 평균)$=(3+2+0+6+4)\div 5=3$(점)

방법 2 자료의 값을 고르게 되도록 옮겨 평균 구하기

민호의 과녁 맞히기 기록

1회 2회 3회 4회 5회

➡ 민호의 과녁 맞히기 기록을 고르게 하면 3점이 되므로 평균은 3점입니다.

1 라온이가 요일별로 읽은 책의 쪽수를 나타낸 표입니다. □ 안에 알맞은 수를 써넣어 라온이가 5일 동안 평균 몇 쪽을 읽었는지 구해 보세요.

요일별 읽은 책의 쪽수

요일	월	화	수	목	금
쪽수(쪽)	24	23	22	21	25

(5일 동안 읽은 쪽수의 평균)$=(24+23+\square+\square+\square)\div\square$

$=\square\div 5=\square$(쪽)

2 은호네 모둠의 고리 던지기 기록을 나타낸 표입니다. 물음에 답하세요.

은호네 모둠의 고리 던지기 기록

이름	은호	주아	민주	승찬
고리의 수(개)	2	6	1	7

❶ 기둥에 건 고리의 수만큼 ○표를 하여 왼쪽 그래프를 완성한 후, ○를 옮겨 오른쪽 그래프에 고르게 나타내어 보세요.

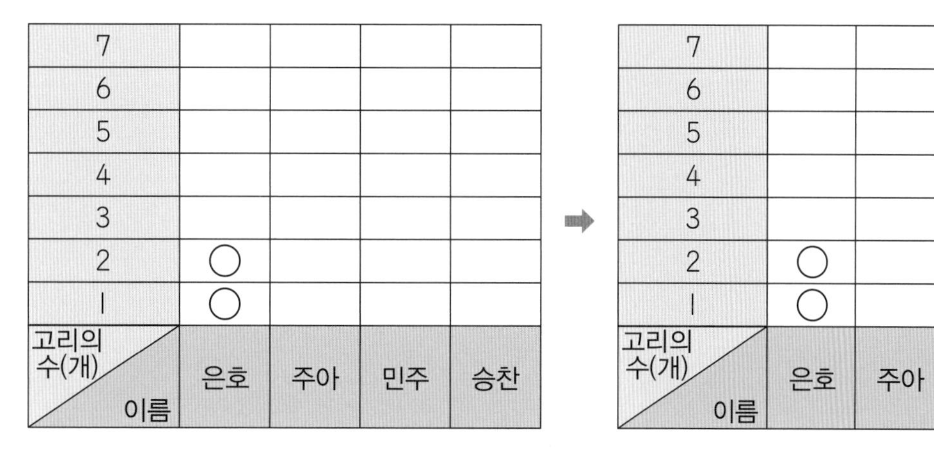

❷ 은호네 모둠의 고리 던지기 기록의 평균은 몇 개인지 구해 보세요.

( )개

3 상자에 구슬이 들어 있습니다. 구슬의 수의 평균을 두 가지 방법으로 구하려고 합니다. □ 안에 알맞은 수를 써넣으세요.

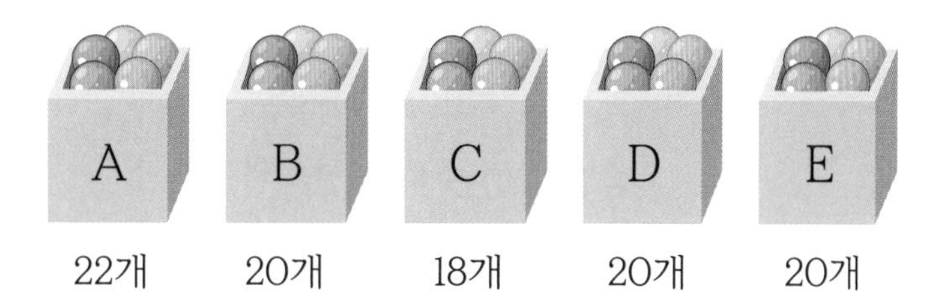

❶ 평균을 □개로 예상하고 A 상자에서 구슬 □개를 꺼내 C 상자로 옮기면 구슬의 수는 모두 □개로 고르게 됩니다. 따라서 구슬의 수의 평균은 □개입니다.

❷ (구슬 수의 평균)$=(22+\square+\square+\square+\square)\div 5$

$=\square\div\square$

$=\square$(개)

평균 이용하기

평균 비교하기

모둠별 학생 수와 대출한 도서의 수

모둠	가	나	다
모둠 학생 수(명)	4	5	5
대출한 도서의 수(권)	28	40	45

- 1인당 대출 도서 평균

  (가 모둠)$=28\div4=7$(권), (나 모둠)$=40\div5=8$(권), (다 모둠)$=45\div5=9$(권)

  ➡ 1인당 대출한 도서의 수가 가장 많은 모둠은 다 모둠입니다.

평균을 이용하여 모르는 자료의 값 구하기

마신 우유의 양

요일	월	화	수	목	금	평균
우유의 양(mL)	200	300		350	400	300

(마신 우유 전체의 양)$=$(평균)$\times$(요일 수)$=300\times5=1500$ (mL)

(자료의 값을 모두 더한 수)
=(평균)×(자료의 수)

➡ (수요일에 마신 우유의 양)$=1500-(200+300+350+400)=250$ (mL)

1 모둠 학생 수와 칭찬스티커 수를 나타낸 표입니다. □ 안에 알맞게 써넣으세요.

모둠별 학생 수와 칭찬스티커의 수

모둠	a	b	c
모둠 학생 수(명)	4	5	6
칭찬스티커 수(장)	48	65	66

(a 모둠의 칭찬스티커 수의 평균)$=48\div4=$ □(장)

(b 모둠의 칭찬스티커 수의 평균)$=65\div$ □ $=$ □(장)

(c 모둠의 칭찬스티커 수의 평균)$=$ □ $\div$ □ $=$ □(장)

2 명한이와 주원이의 100 m 달리기 기록을 나타낸 표입니다. 달리기 기록이 평균 15초 이하일 때 달리기 대회 결승에 올라갈 수 있습니다. 물음에 답하세요.

명한이의 달리기 기록

회	1	2	3	4
기록(초)	15	17	14	18

주원이의 달리기 기록

회	1	2	3
기록(초)	16	14	15

❶ 명한이와 주원이의 달리기 기록의 평균을 각각 구해 보세요.

명한이의 달리기 기록의 평균 (　　　　　　)초

주원이의 달리기 기록의 평균 (　　　　　　)초

❷ 달리기 대회 결승에 올라갈 수 있는 사람은 누구인지 써 보세요.

(　　　　　　)

3 어느 동물원의 방문객 수를 나타낸 표입니다. 요일별 방문객 수의 평균이 230명일 때, 목요일 방문객은 몇 명인지 구해 보세요.

요일별 방문객 수

요일	월	화	수	목	금	토
방문객 수(명)	210	220	200		280	300

(　　　　　　)명

4 은영이와 민석이의 제기차기 기록을 나타낸 표입니다. 두 사람의 제기차기 기록의 평균이 같을 때 민석이의 5회 기록은 몇 번인지 구해 보세요.

은영이의 기록

회	기록(번)
1	8
2	11
3	12
4	9

민석이의 기록

회	기록(번)
1	13
2	7
3	8
4	11
5	

(　　　　　　)번

일이 일어날 가능성을 말로 표현하기

• 가능성은 어떠한 상황에서 특정한 일이 일어나길 기대할 수 있는 정도를 말합니다.
  ⓔ 5학년인 서원이가 내년에 6학년이 될 가능성은 확실합니다.

• 가능성의 정도는 불가능하다, ~아닐 것 같다, 반반이다, ~일 것 같다, 확실하다 등으로 표현할 수 있습니다.

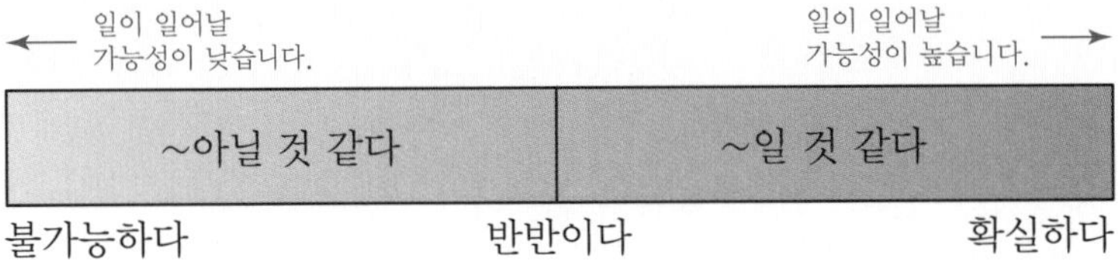

1 일이 일어날 가능성을 생각해 보고, 알맞게 표현한 곳에 ○표 하세요.

일 \ 가능성	불가능하다	~아닐 것 같다	반반이다	~일 것 같다	확실하다
내년 2월은 31일까지 있을 것입니다.					
100원짜리 동전을 던지면 숫자 면이 나올 것입니다.					
윷을 두 번 던지면 두 번 모두 모가 나올 것입니다.					
내일 아침은 해가 동쪽에서 뜰 것입니다.					
검은색 공 3개와 흰색 공 1개가 들어 있는 주머니에서 공을 고르면 검은색 공이 나올 것입니다.					

2 일이 일어날 가능성을 판단하여 해당하는 칸에 친구의 이름을 써 보세요.

지연: 아이가 태어날 때 그 아이의 성별은 남자일 것입니다.
윤아: 내일 아침 우리 마을에 공룡이 나타날 것입니다.
영호: 우리가 사는 지구에서는 높은 곳에 있는 물체를 떨어뜨리면 아래로 떨어질 것입니다.

불가능하다	~아닐 것 같다	반반이다	~일 것 같다	확실하다

3 일이 일어날 가능성이 '확실하다'인 것을 모두 찾아 기호를 써 보세요.

㉠ 겨울 다음에 봄이 올 것입니다.
㉡ 오전 9시에서 1시간 후는 오전 10시입니다.
㉢ 파란색 구슬만 들어 있는 주머니에서 꺼낸 구슬은 빨간색일 것입니다.
㉣ 주사위를 던지면 홀수가 나올 것입니다.

( )

4 노란색 구슬이 3개, 파란색 구슬이 3개 들어 있는 주머니에서 구슬 한 개를 꺼낼 때 일이 일어날 가능성을 설명한 것입니다. 잘못 말한 사람의 이름을 쓰고, 바르게 고쳐 써 보세요.

꺼낸 구슬이 파란색일 가능성은 반반이야.

지혁

꺼낸 구슬은 확실히 노란색이야.

승연

잘못 말한 사람 ______________

바르게 고치기 ______________________________

일이 일어날 가능성을 비교하기

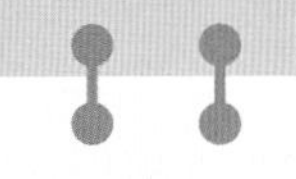

회전판에서 화살이 빨간색에 멈출 가능성 비교하기

	가	나	다	라	마
회전판					
가능성	불가능하다	~아닐 것 같다	반반이다	~일 것 같다	확실하다

- 회전판에서 빨간색 부분이 넓을수록 화살이 빨간색에 멈출 가능성이 높습니다.
- 화살이 빨간색에 멈출 가능성이 높은 순서는 **마, 라, 다, 나, 가**입니다.

1 1부터 6까지의 눈이 그려진 주사위를 한번 굴릴 때 주사위의 눈의 수가 홀수가 나올 가능성과 7이 나올 가능성을 비교하려고 합니다. 알맞은 말에 ○표 하세요.

❶ 주사위 눈의 수가 홀수가 나올 가능성은 '(불가능하다 , 반반이다 , 확실하다)'입니다.

❷ 주사위 눈의 수가 7이 나올 가능성은 '(불가능하다 , 반반이다 , 확실하다)'입니다.

❸ 일이 일어날 가능성이 더 높은 것은 눈의 수가 (홀수가 나올 가능성 , 7이 나올 가능성)입니다.

2 일이 일어날 가능성이 높은 친구부터 차례로 이름을 써 보세요.

승호: 오늘이 수요일이니깐 내일은 목요일일 거야.
지수: 1부터 9까지 적혀 있는 수 카드 중에서 한 장을 뽑을 때 뽑은 카드의 수는 9일 거야.
성우: 내일은 해가 서쪽에서 뜰 거야.
호영: 흰색 바둑돌 3개와 검은색 바둑돌 1개가 들어 있는 주머니에서 바둑돌 한 개를 꺼낼 때 꺼낸 바둑돌은 흰색일 거야.

( )

3 빨간색, 노란색, 파란색으로 이루어진 회전판을 70번 돌려 화살이 멈춘 횟수를 나타낸 표입니다. 일이 일어날 가능성이 가장 비슷한 것끼리 이어 보세요.

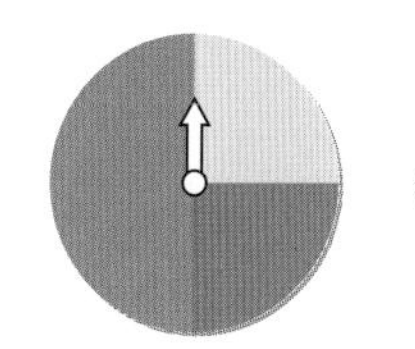

색깔	빨강	파랑	노랑
횟수(회)	52	10	8

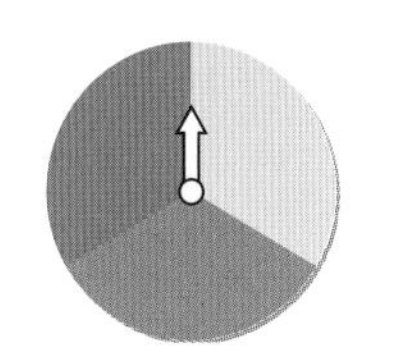

색깔	빨강	파랑	노랑
횟수(회)	23	23	24

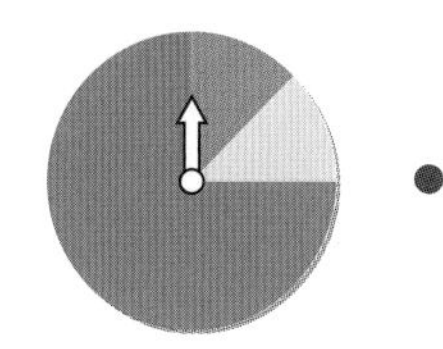

색깔	빨강	파랑	노랑
횟수(회)	17	34	19

4 조건 에 알맞은 회전판이 되도록 색칠해 보세요.

- 화살이 초록색에 멈출 가능성이 가장 높습니다.
- 화살이 파란색에 멈출 가능성은 빨간색에 멈출 가능성의 3배입니다.

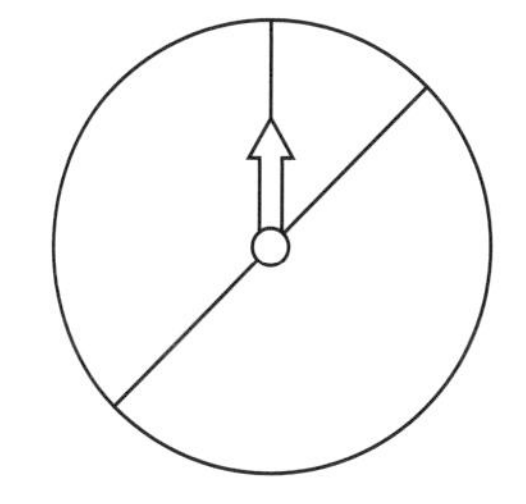

5 일이 일어날 가능성이 '불가능하다'인 상황을 말한 친구의 이름을 쓰고, 상황이 '확실하다'가 되도록 친구의 말을 바꿔 써 보세요.

영주: 4월의 한 달 후에는 5월이 될 거야.
석준: 1부터 10까지 적혀 있는 수 카드 중에서 한 장을 뽑을 때 뽑은 카드의 수는 홀수일 거야.
현우: 내년 추석에는 초승달이 뜰 거야.
민지: 흰색 바둑돌 1개와 파란색 바둑돌 2개가 들어 있는 주머니에서 바둑돌 한 개를 꺼낼 때 꺼낸 바둑돌은 흰색일 거야.

'불가능하다'인 상황을 말한 친구 ______________

'확실하다' 가 되도록 고치기 ______________________________

일이 일어날 가능성을 수로 표현하기

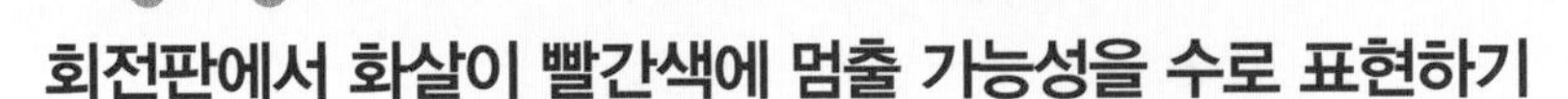

회전판에서 화살이 빨간색에 멈출 가능성을 수로 표현하기

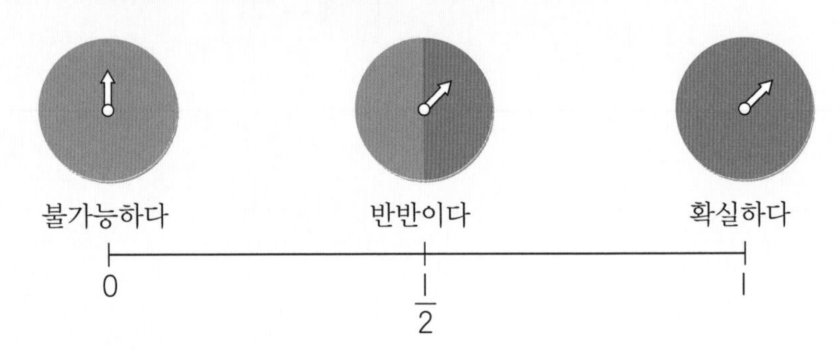

➡ 일이 일어날 가능성을 0, $\frac{1}{2}$, 1의 수로 표현할 수 있습니다.

1 일이 일어날 가능성을 수로 알맞게 표현해 보세요.

확실하다	
불가능하다	
반반이다	

2 주머니 속에 빨간색 공 2개와 파란색 공 2개가 들어 있습니다. 주머니에서 공 한 개를 꺼낼 때 일이 일어날 가능성에 ↓로 나타내어 보세요.

❶ 꺼낸 공이 빨간색일 가능성

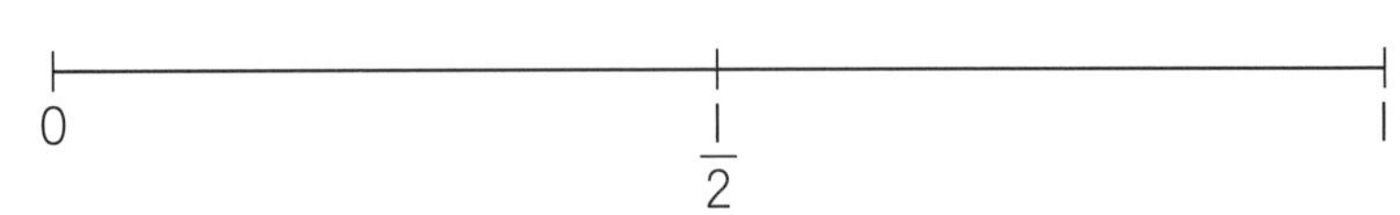

❷ 꺼낸 공이 파란색일 가능성

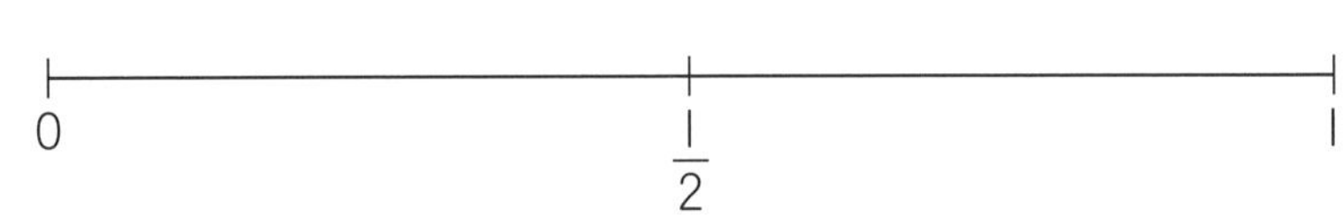

❸ 꺼낸 공이 노란색일 가능성

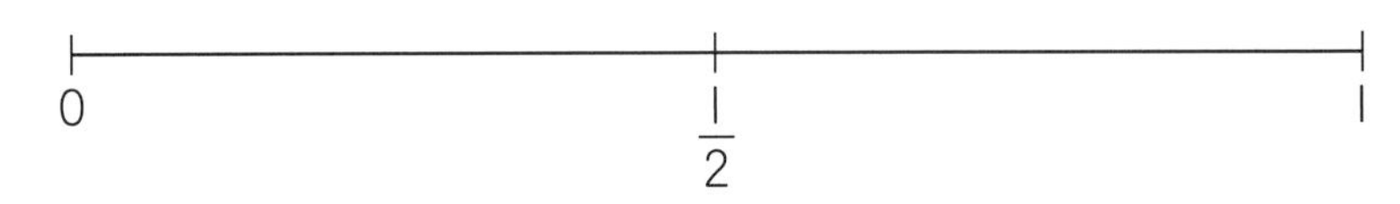

3 수 카드 [1], [2], [6], [9] 중에서 한 장을 뽑으려고 합니다. 가능성을 수로 표현해 보세요.

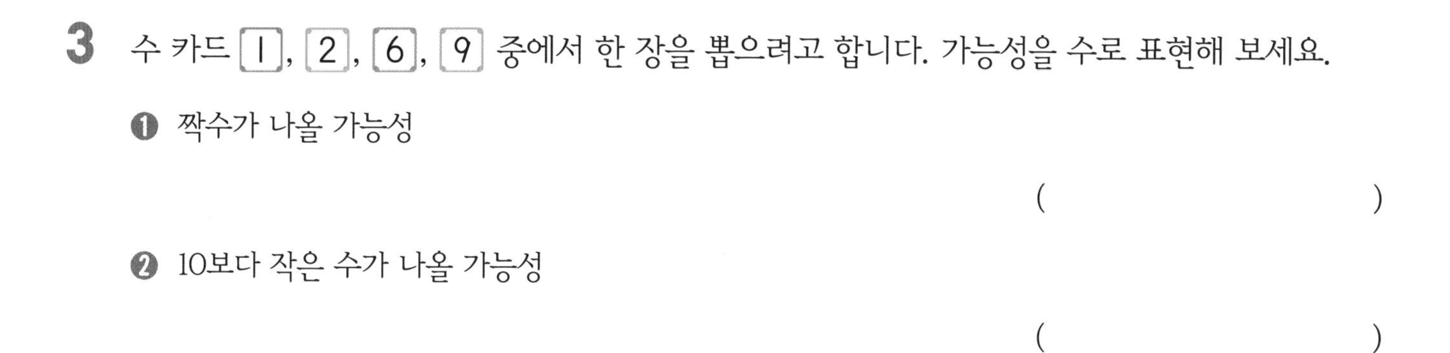

❶ 짝수가 나올 가능성

( )

❷ 10보다 작은 수가 나올 가능성

( )

4 회전판에서 화살이 빨간색에 멈출 가능성을 수로 표현해 보세요.

❶ ❷

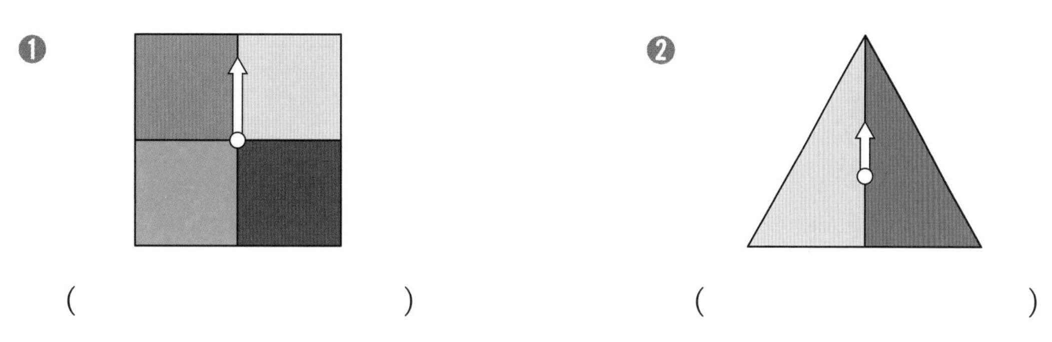

( ) ( )

5 ㉠과 ㉡의 가능성을 수로 표현한 값의 합을 구해 보세요.

㉠ 주사위를 굴려 주사위 눈의 수가 홀수가 나올 가능성
㉡ 동전을 던졌을 때 숫자 면이 나올 가능성

( )

6 주머니에 (5), (6), (7), (8)의 구슬이 있습니다. 주머니에서 구슬을 1개 꺼냈을 때, 물음에 답하세요.

❶ 꺼낸 구슬에 적힌 수가 짝수일 가능성을 말과 수로 표현해 보세요.

말 ( ), 수 ( )

❷ 꺼낸 구슬에 적힌 수가 짝수일 가능성과 화살이 파란색에 멈출 가능성이 같게 되도록 회전판을 색칠해 보세요.

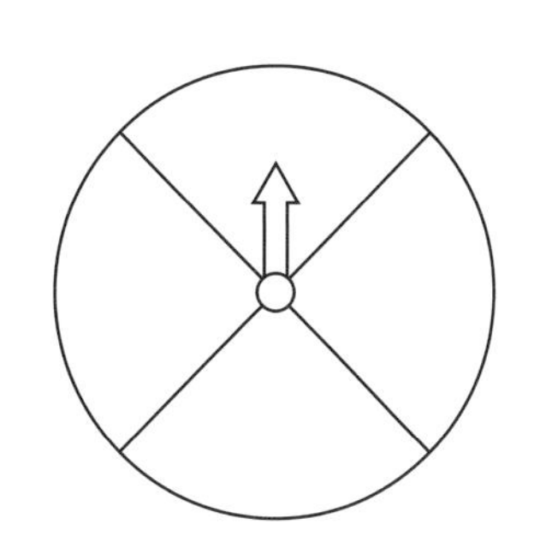

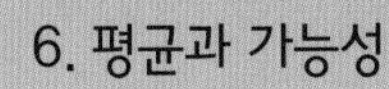

연습 문제

[1~3] 주어진 자료의 평균을 구해 보세요.

1

5학년 학생 수

반	1반	2반	3반	4반	5반
학생 수(명)	24	23	22	24	22

(　　　　　　　)명

2

민아의 과목별 점수

과목	국어	수학	사회	과학	영어
점수(점)	85	90	95	95	85

(　　　　　　　)점

3

마을별 사과 생산량

마을	가	나	다	라	마	바
생산량(kg)	480	490	500	510	520	530

(　　　　　　　) kg

[4~6] 주어진 자료의 평균을 이용하여 표의 빈칸에 알맞은 수를 써넣으세요.

4

성우네 반 분단별 스마트폰 보유수

분단	1분단	2분단	3분단	4분단	평균
스마트폰 수(대)	6	3		5	4

5

받은 칭찬 스티커의 수

이름	태현	세연	준영	소율	평균
스티커 수(개)	32	28	36		34

6

민호가 읽은 동화책의 쪽수

요일	월	화	수	목	금	평균
쪽수(쪽)	30	24	23		28	25

[7~10] 일이 일어날 가능성에 대하여 알맞은 말에 ○표 하세요.

7

내일 아침에는 남쪽에서 해가 뜰 것입니다.

(불가능하다 , ~아닐 것이다 , 반반이다 , ~일 것이다 , 확실하다)

8

당첨 제비가 5개, 꽝 제비가 1개 들어 있는 상자에서 한 개의 제비를 뽑았을 때 당첨일 가능성

(불가능하다 , ~아닐 것이다 , 반반이다 , ~일 것이다 , 확실하다)

9

높은 곳에서 물체를 떨어뜨리면 물체는 아래로 떨어집니다.

(불가능하다 , ~아닐 것이다 , 반반이다 , ~일 것이다 , 확실하다)

10

동전 두 개를 던졌을 때 둘 다 숫자면이 나올 가능성

(불가능하다 , ~아닐 것이다 , 반반이다 , ~일 것이다 , 확실하다)

[11~13] 흰색 바둑돌 3개와 검은색 바둑돌 3개가 들어 있는 주머니에서 바둑돌 1개를 꺼내려고 합니다. 물음에 답하세요.

11 꺼낸 바둑돌이 흰색일 가능성을 수로 표현해 보세요.

( )

12 꺼낸 바둑돌이 검은색일 가능성을 수로 표현해 보세요.

( )

13 꺼낸 바둑돌이 빨간색일 가능성을 수로 표현해 보세요.

( )

단원 평가

1 성준이와 명호가 6일 동안 마신 우유의 양을 나타낸 표입니다. 물음에 답하세요.

마신 우유의 양(mL)

요일	월	화	수	목	금	토
성준	240	210	220		250	220
명호	210	220	200	250	190	250

❶ 명호가 하루 평균 마신 우유의 양은 몇 mL 인지 구해 보세요.

( ) mL

❷ 하루 평균 마신 우유의 양이 성준이가 명호보다 10 mL 더 많다면 성준이가 목요일에 마신 우유는 몇 mL인지 구하여 표를 완성해 보세요.

2 준호네 모둠의 종목별 체력 측정 기록입니다. 물음에 답하세요.

준호네 모둠의 종목별 체력 측정 기록

종목 / 이름	윗몸 말아 올리기(회)	50 m 달리기(초)
준호	54	8
민수	50	9
예진		10
윤아	49	11

❶ 준호네 모둠의 윗몸 말아 올리기 기록의 평균은 50회입니다. 예진이가 한 윗몸 말아 올리기는 몇 회인지 구해 보세요.

( )회

❷ 전학생 1명이 준호네 모둠이 되어 50 m 달리기 평균을 계산해 보았더니 9초가 나왔습니다. 전학생의 50 m 달리기 기록은 몇 초인지 풀이 과정을 쓰고 답을 구해 보세요.

풀이

답 초

3 일이 일어날 가능성을 찾아 이어 보세요.

오늘이 토요일이니까 내일은 일요일일 거야.	•	•	불가능하다
동전 5개를 동시에 던졌을 때 5개 모두 숫자 면이 나올 거야.	•	•	~아닐 것 같다
흰색 바둑돌 1개와 검은색 바둑돌 4개가 들어 있는 주머니에서 바둑돌 한 개를 꺼낼 때 꺼낸 바둑돌은 검은색일 거야.	•	•	반반이다
주사위 1개를 던질 때 나온 눈은 홀수일 거야.	•	•	~일 것 같다
4와 5의 곱은 10일 거야.	•	•	확실하다

4 회전판에서 화살이 파란색에 멈출 가능성이 높은 순서대로 기호를 써 보세요.

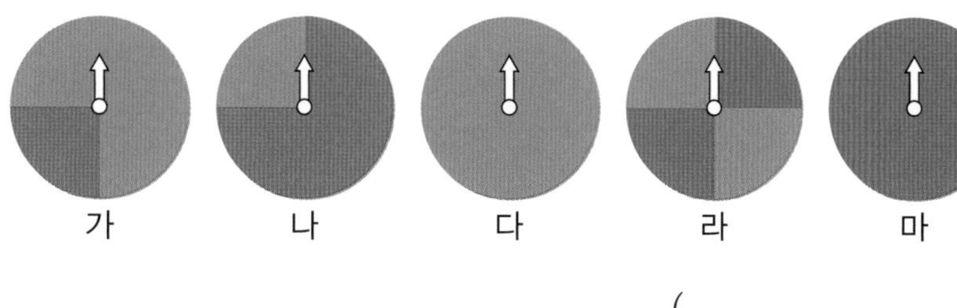

( )

5 아래 카드 중 한 장을 뽑을 때 ♤이 나올 가능성을 수로 표현해 보세요.

( )

실력 키우기

1 조건에 알맞은 회전판이 되도록 색칠하려고 합니다. ㉠, ㉡, ㉢에 알맞은 색깔을 써 보세요.

조건
- 화살이 파란색에 멈출 가능성이 가장 높습니다.
- 화살이 노란색에 멈출 가능성은 빨간색에 멈출 가능성의 2배입니다.

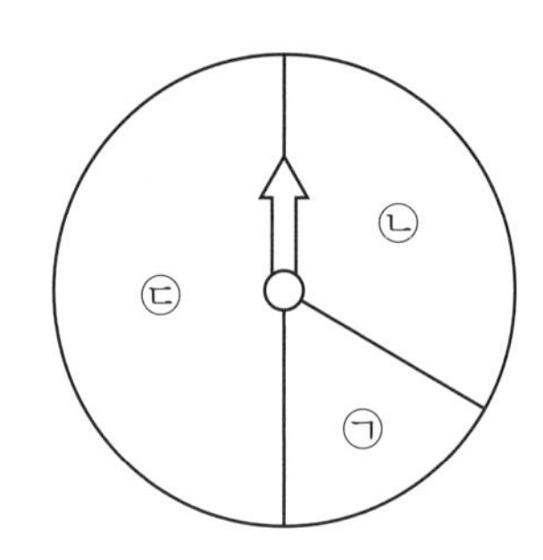

(㉠:), (㉡:), (㉢:)

2 미술관에 월요일부터 토요일까지 방문한 하루 평균 관람객 수는 220명입니다. 월요일부터 일요일까지 방문한 하루 평균 관람객 수가 235명일 때 일요일에 방문한 관람객 수는 몇 명인지 구해 보세요.

( )명

3 동전 2개를 동시에 던질 때 1개만 그림 면이 나올 가능성을 수로 표현해 보세요.

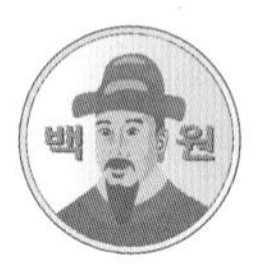

( )

4 공장별 하루 과자 생산량을 나타낸 표입니다. A 공장의 생산량이 C 공장의 생산량보다 60 kg 더 많다면 A 공장의 생산량은 몇 kg인지 풀이 과정을 쓰고 답을 구해 보세요.

공장별 과자 생산량

공장	A	B	C	D	E	평균
생산량(kg)		650		700	750	730

풀이

답 kg

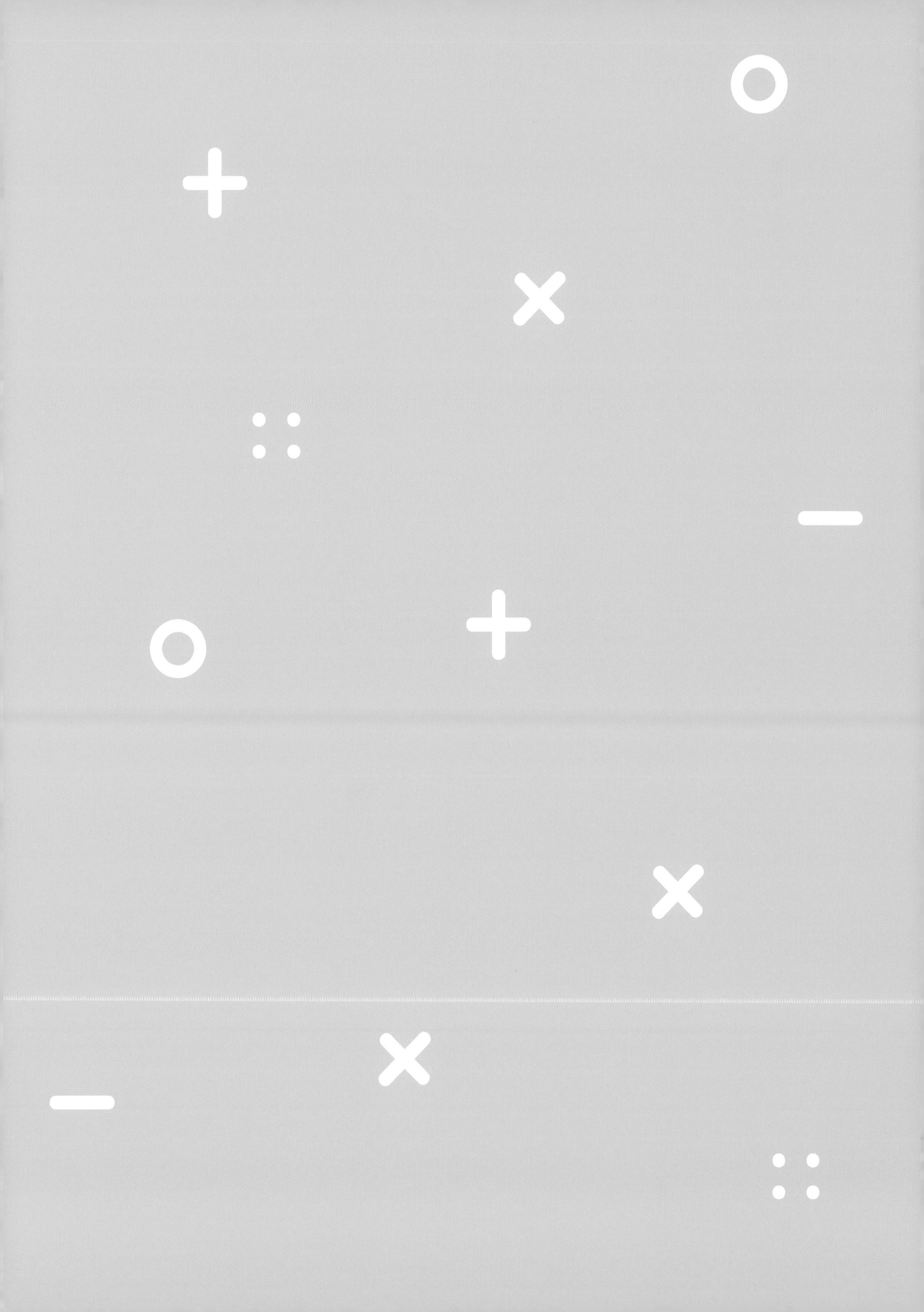

정답과 풀이

6~7쪽

1. 수의 범위와 어림하기

이상과 이하 알아보기

• 이상 알아보기

60, 61, 63, 65 등과 같이 60과 같거나 큰 수를 60 이상인 수라고 합니다. 60 이상인 수를 수직선에 나타내면 다음과 같습니다.

59 60 61 62 63 64 65

• 이하 알아보기

10, 9, 8, 7 등과 같이 10과 같거나 작은 수를 10 이하인 수라고 합니다. 10 이하인 수를 수직선에 나타내면 다음과 같습니다.

5 6 7 8 9 10 11

1 어느 해 프로 농구 대회에서 각 팀의 승점을 조사하여 나타낸 표입니다. 승점이 12점 이상인 팀을 모두 찾아 기호를 써 보세요.

프로 농구 대회 승점

팀	A	B	C	D	E	F
승점	12	11	13	12	10	16

(A, C, D, F)

2 영호네 반 학생들의 몸무게를 조사하여 나타낸 표입니다. 몸무게가 38 kg 이하인 학생의 몸무게를 모두 찾아 이름을 써 보세요.

영호네 반 학생들의 몸무게

이름	영호	재민	산들	지윤	건하	예나
몸무게(kg)	39	40	37	35	41	38

(산들, 지윤, 예나)

3 13 이하인 수를 수직선에 나타내어 보세요.

4 다음 수를 보고 물음에 답하세요.

❶ 30 이상인 수를 모두 찾아 ○표 하세요.

❷ 30 이하인 수를 모두 찾아 △표 하세요.

5 나이가 만 15세 이상일 때 관람할 수 있는 영화가 있습니다. 우리 가족 중에서 이 영화를 관람할 수 있는 사람은 모두 몇 명인지 써 보세요.

가족	동생	나	누나	어머니	아버지
만 나이(세)	12	14	15	42	43

(3)명

6 키가 135 cm 이상, 몸무게가 40 kg 이하인 조건을 만족해야 탈 수 있는 워터 슬라이드가 있습니다. 수아와 친구들 중 이 슬라이드를 탈 수 있는 학생을 모두 찾아 이름을 써 보세요.

이름	수아	영주	호연	진호	민재	지은
키(cm)	142.7	134.5	140.5	133.2	135.7	138.4
몸무게(kg)	40.2	35.0	34.7	35.0	37.8	39.2

(호연, 민재, 지은)

8~9쪽

1. 수의 범위와 어림하기

초과와 미만 알아보기

• 초과 알아보기

23.1, 23.9, 24.1 등과 같이 23보다 큰 수를 23 초과인 수라고 합니다. 23 초과인 수를 수직선에 나타내면 다음과 같습니다.

22 23 24 25 26 27 28

• 미만 알아보기

119.5, 118.0, 117.8 등과 같이 120보다 작은 수를 120 미만인 수라고 합니다. 120 미만인 수를 수직선에 나타내면 다음과 같습니다.

115 116 117 118 119 120 121

1 정원이 26명인 버스에 각각 다음과 같이 학생들이 타고 있습니다. 정원을 초과한 버스를 모두 찾아 기호를 써 보세요.

버스에 탄 학생 수

버스	가	나	다	라	마	바
학생 수(명)	27	25	24	26	28	29

(가, 마, 바)

2 높이가 4.5 m 미만인 차만 통과할 수 있는 터널이 있습니다. 각 트럭의 높이가 다음과 같을 때 터널을 통과할 수 있는 트럭을 모두 찾아 기호를 써 보세요.

트럭의 높이

트럭	A	B	C	D	E	F
높이(m)	4.6	4.3	4.5	4.4	4.7	3.9

(B, D, F)

3 25 초과인 수를 수직선에 나타내어 보세요.

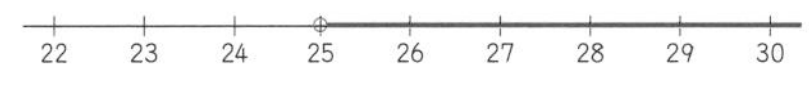

4 다음 수를 보고 물음에 답하세요.

❶ 4 초과인 수를 모두 찾아 써 보세요.

(5, 6, 7)

❷ 4 미만인 수들의 합을 구해 보세요.

(6)

5 읽은 책의 수가 20권 미만인 학생을 모두 찾아 이름을 써 보세요.

학생들이 읽은 책의 수

이름	주호	유결	동규	하연	주이	민재
책 수(권)	21	19	20	18	23	20

(유결, 하연)

6 줄넘기 횟수가 134회 초과인 학생은 모두 몇 명인지 써 보세요.

학생들의 줄넘기 횟수

이름	성호	준영	호연	상준	미주	주혁
횟수(회)	132	136	134	135	137	133

(3)명

10–11쪽

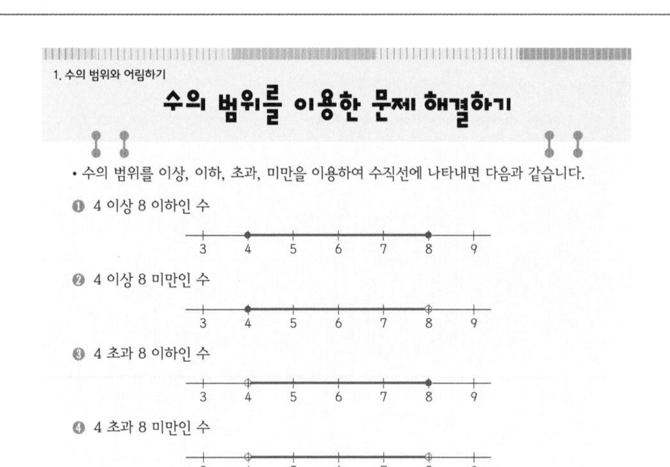

1. 수의 범위와 어림하기

수의 범위를 이용한 문제 해결하기

• 수의 범위를 이상, 이하, 초과, 미만을 이용하여 수직선에 나타내면 다음과 같습니다.

❶ 4 이상 8 이하인 수

❷ 4 이상 8 미만인 수

❸ 4 초과 8 이하인 수

❹ 4 초과 8 미만인 수

1 수직선을 보고 보기 에서 알맞은 말을 골라 □ 안에 써넣으세요.

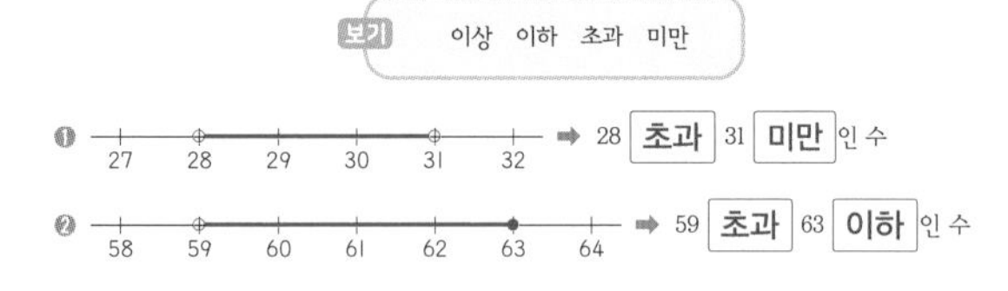

보기: 이상 이하 초과 미만

❶ → 28 [초과] 31 [미만]인 수

❷ → 59 [초과] 63 [이하]인 수

2 45 이상 50 미만인 수를 모두 찾아 ○표 하세요.

44 (45) (46) (47) (48) (49) 50

3 주영이네 모둠 친구들이 가지고 온 달걀의 무게와 등급별 달걀의 무게를 나타낸 표입니다. 물음에 답하세요.

모둠 친구들이 가지고 온 달걀의 무게

이름	주영	승현	도윤	지혁	이담	지환	지훈
무게(g)	60	43	70	68	59	48	52

등급별 달걀의 무게

등급	무게(g)
왕란	68 이상
특란	60 이상 68 미만
대란	52 이상 60 미만
중란	44 이상 52 미만
소란	44 미만

❶ 왕란을 가져온 학생을 모두 찾아 이름을 써 보세요.

(도윤, 지혁)

❷ 대란을 가져온 학생은 모두 몇 명인지 구해 보세요.

(2)명

4 성주는 무게가 4.8 kg인 물건과 8.6 kg인 물건을 각각 택배로 보내려고 합니다. 무게별 택배 요금이 다음 표와 같을 때 성주가 내야 할 택배 요금은 모두 얼마인지 구해 보세요.

무게별 택배 요금

무게(kg)	요금	
3 이하	4000원	
3 초과 5 이하	(4500원)	← 4.8 kg
5 초과 7 이하	5000원	
7 초과 10 이하	(6000원)	← 8.6 kg
10 초과 15 이하	7000원	

(10500)원

12–13쪽

1. 수의 범위와 어림하기

올림 알아보기

• 203을 십의 자리까지 나타내기 위하여 십의 자리 아래 수인 3을 10으로 보고 210으로 나타낼 수 있습니다.
• 구하려는 자리의 아래 수를 올려서 나타내는 방법을 올림이라고 합니다.

올림하여 십의 자리까지 나타내면 203 ➡ 210

올림하여 백의 자리까지 나타내면 203 ➡ 300

1 □ 안에 알맞게 써넣으세요.

❶ 1000원짜리 지폐로 17800원인 수박을 사려면 800원을 [1000]원으로 생각하고 최소 [18000]원을 내야 합니다.

❷ 10000원짜리 지폐로 23400원인 장난감을 사려면 3400원을 [10000]원으로 생각하고 최소 [30000]원을 내야 합니다.

❸ 필요한 구슬이 245개일 때 구슬을 100개씩 묶음으로 산다면 최소한 [300]개를 사야 합니다.

❹ 구하려는 자리의 아래 수를 올려서 나타내는 방법을 [올림](이)라고 합니다.

2 올림하여 주어진 자리까지 나타내어 보세요.

수	십의 자리	백의 자리	천의 자리
1256	1260	1300	2000
3635	3640	3700	4000

3 물음에 답하세요.

❶ 3.143을 올림하여 소수 첫째 자리까지 나타내면 얼마인지 써 보세요.

(3.2)

❷ 4.501을 올림하여 소수 둘째 자리까지 나타내면 얼마인지 써 보세요.

(4.51)

4 어림한 수의 크기를 비교하여 ○ 안에 >, =, <를 알맞게 써넣으세요.

4325를 올림하여 백의 자리까지 나타낸 수 (<) 4418을 올림하여 백의 자리까지 나타낸 수

4400 4500

5 올림하여 십의 자리까지 나타내면 40이 되는 수를 모두 찾아 ○표 하세요.

41 (35) 29 (31) 48 43

6 다음 수를 올림하여 백의 자리까지 나타내면 1500입니다. ㉠과 ㉡에 알맞은 수를 구해 보세요.

㉠㉡17

㉠ (1)

㉡ (4)

1. 수의 범위와 어림하기

버림 알아보기

- 847을 십의 자리까지 나타내기 위하여 십의 자리 아래 수인 7을 0으로 보고 840으로 나타낼 수 있습니다.
- 구하려는 자리의 아래 수를 버려서 나타내는 방법을 버림이라고 합니다.

버림하여 십의 자리까지 나타내면 847 ➡ 840

버림하여 백의 자리까지 나타내면 847 ➡ 800

1 □ 안에 알맞게 써넣으세요.

❶ 저금통에 모은 동전 12350원을 1000원짜리 지폐로 바꾼다면 최대 [12000]원까지 바꿀 수 있고, [350]원은 지폐로 바꿀 수 없습니다.

❷ 저금통에 모은 동전 43800원을 10000원짜리 지폐로 바꾼다면 최대 [40000]원까지 바꿀 수 있고, [3800]원은 지폐로 바꿀 수 없습니다.

❸ 필통 2450개를 100개씩 상자에 담아 포장하면 최대 [2400]개까지 포장할 수 있습니다.

❹ 구하려는 자리의 아래 수를 버려서 나타내는 방법을 [버림](이)라고 합니다.

2 버림하여 주어진 자리까지 나타내어 보세요.

수	십의 자리	백의 자리	천의 자리
3028	3020	3000	3000
4281	4280	4200	4000

3 물음에 답하세요.

❶ 5.637을 버림하여 소수 첫째 자리까지 나타내면 얼마인지 써 보세요.

(5.6)

❷ 2.638을 버림하여 소수 둘째 자리까지 나타내면 얼마인지 써 보세요.

(2.63)

4 사과 438개를 한 상자에 10개씩 담아서 포장했습니다. 포장한 사과는 모두 몇 상자인지 구해 보세요.

(43)상자

5 어림한 수의 크기를 비교하여 ○ 안에 >, =, <를 알맞게 써넣으세요.

6281을 버림하여 천의 자리까지 나타낸 수 (6000) < 6132를 버림하여 백의 자리까지 나타낸 수 (6100)

6 버림하여 백의 자리까지 나타내면 3500이 되는 수를 모두 찾아 ○표 하세요.

3498 (3577) 3310 3601 (3528)

7 5273을 버림하여 백의 자리까지 나타낸 수와 5120을 버림하여 천의 자리까지 나타낸 수의 차는 얼마인지 구해 보세요.

(200)

▶ 5273을 버림하여 백의 자리까지 나타내면 5200이고 5120을 버림하여 천의 자리까지 나타내면 5000입니다.

1. 수의 범위와 어림하기

반올림 알아보기

- 구하려는 자리 바로 아래 자리의 숫자가 0, 1, 2, 3, 4이면 버리고, 5, 6, 7, 8, 9이면 올려서 나타내는 방법을 반올림이라고 합니다.

반올림하여 십의 자리까지 나타내면 4145 ➡ 4150

반올림하여 백의 자리까지 나타내면 4145 ➡ 4100

1 반올림하여 주어진 자리까지 나타내어 보세요.

수	십의 자리	백의 자리	천의 자리
1256	1260	1300	1000
3635	3640	3600	4000

2 승호의 키는 132.5 cm입니다. 승호의 키를 반올림하여 일의 자리까지 나타내면 몇 cm인지 구해 보세요.

(133) cm

3 물음에 답하세요.

❶ 3.429를 반올림하여 소수 첫째 자리까지 나타내어 보세요.

(3.4)

❷ 6.627을 반올림하여 소수 둘째 자리까지 나타내어 보세요.

(6.63)

4 보기의 □ 안에 들어갈 수 있는 자연수를 모두 써 보세요.

보기 437□

보기의 수를 반올림하여 십의 자리까지 나타내면 4380이에요.

(5, 6, 7, 8, 9)

5 수 카드 4장이 있습니다. 물음에 답하세요.

1 6 8 5

❶ 수 카드 4장을 한 번씩만 사용하여 가장 큰 네 자리 수를 만들어 보세요.

(8651)

❷ ❶에서 만든 네 자리 수를 반올림하여 백의 자리까지 나타내어 보세요.

(8700)

6 어떤 수를 반올림하여 십의 자리까지 나타내었더니 570이 되었습니다. 어떤 수가 될 수 있는 수의 범위를 수직선에 나타내어 보세요.

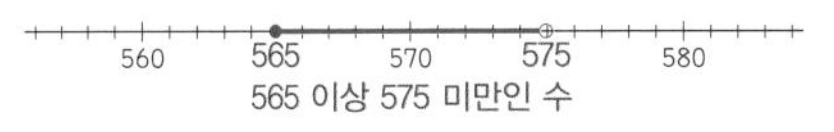

565 이상 575 미만인 수

7 카타르 월드컵에서 대한민국 경기를 보러 온 관중의 수입니다. 관중의 수를 반올림하여 천의 자리까지 나타내어 보세요.

❶ 우루과이 VS 대한민국 23937명 ➡ (24000)명

❷ 대한민국 VS 포르투갈 31499명 ➡ (31000)명

18~19쪽

1. 수의 범위와 어림하기

올림, 버림, 반올림을 활용하여 문제 해결하기

• 올림, 버림, 반올림 중에서 어떤 방법으로 어림하면 좋을지 알아봅니다.

생활 속 상황	어림하는 방법
자판기에서 음료수를 뽑으려고 지폐를 넣을 경우	올림
동전을 지폐로 바꾸는 경우	버림
10개씩 묶음이나 100개씩 묶음으로 필요한 만큼 물건을 사야하는 경우	올림
농장에서 수확한 농작물을 일정한 크기의 상자에 담아 파는 경우	버림
축구 경기를 보러 온 관중의 수를 말하는 경우	반올림

1 어림이 필요한 생활 속 상황입니다. 어림하는 방법에 ○표 하고, 물음에 답하세요.

❶ 초콜릿 143개가 필요합니다. 초콜릿이 한 봉지에 10개씩 담겨 있다면 최소 몇 봉지를 사야 하는지 구해 보세요.

(올림), 버림, 반올림

(15)봉지

❷ 민우네 학교 5학년 학생들이 불우이웃 돕기를 하려고 동전을 모았습니다. 모은 동전 439480원을 10000원짜리 지폐로 바꾼다면 최대 몇 장까지 바꿀 수 있는지 구해 보세요.

올림, (버림), 반올림

(43)장

❸ 한 상자를 포장하는 데 끈 1 m가 필요합니다. 끈 2345 cm로 최대 몇 상자까지 포장할 수 있는지 구해 보세요.

올림, (버림), 반올림

(23)상자

2 유진이네 모둠 학생들의 몸무게를 조사하여 나타낸 표입니다. 각 학생들의 몸무게는 몇 kg인지 반올림하여 일의 자리까지 나타내어 보세요.

유진이네 모둠 학생들의 몸무게

이름	유진	진우	대영	수혁
몸무게(kg)	32.7	33.2	34.5	36.3
반올림한 몸무게(kg)	33	33	35	36

3 어림하는 방법이 다른 사람은 누구인지 구해 보세요.

진호: 귤 347개를 10개씩 상자에 담아 포장한다면 모두 34상자 포장할 수 있어.
준영: 동전 3560원을 1000원짜리 지폐로 바꾼다면 3장으로 바꿀 수 있어.
재훈: 43.6 kg인 내 몸무게를 1 kg 단위로 가까운 쪽의 눈금을 읽으면 44 kg이야.

(재훈)

▶ 진호와 준영이는 버림, 재훈이는 반올림 방법을 사용하고 있습니다.

4 문구점에서 공책 세 권과 필통 한 개를 사려고 합니다. 1000원짜리 지폐로만 물건값을 계산한다면 1000원짜리 지폐를 최소 몇 장 내야 하는지 풀이 과정을 쓰고, 답을 구해 보세요.

항목	공책	필통
가격(원)	1400	4500

풀이 예 공책 세 권과 필통 한 개의 가격은 8700원입니다.
따라서 1000원짜리 지폐가 최소 9장 필요합니다.

답 9 장

20~21쪽

1. 수의 범위와 어림하기

연습 문제

[1~5] 수직선에 나타내어 보세요.

1 32 이상 37 이하인 수

31 32 33 34 35 36 37 38 39

2 12 이상 16 미만인 수

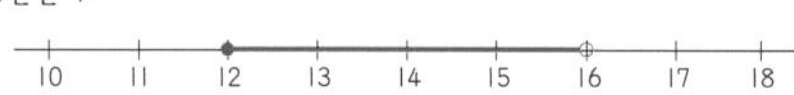

3 23 초과 27 미만인 수

4 41 초과 45 이하인 수

5 40 이상인 수에 모두 ○표, 30 이하인 수에 모두 △표 하세요.

6 30 초과인 수에 모두 ○표, 25 미만인 수에 모두 △표 하세요.

7 올림을 하여 주어진 자리까지 나타내어 보세요.

수	십의 자리	백의 자리	천의 자리
1039	1040	1100	2000
2101	2110	2200	3000
3813	3820	3900	4000
5023	5030	5100	6000

8 버림을 하여 주어진 자리까지 나타내어 보세요.

수	십의 자리	백의 자리	천의 자리
7802	7800	7800	7000
6371	6370	6300	6000
2790	2790	2700	2000
5043	5040	5000	5000

9 반올림을 하여 주어진 자리까지 나타내어 보세요.

수	십의 자리	백의 자리	천의 자리
3524	3520	3500	4000
6405	6410	6400	6000
7138	7140	7100	7000
9346	9350	9300	9000

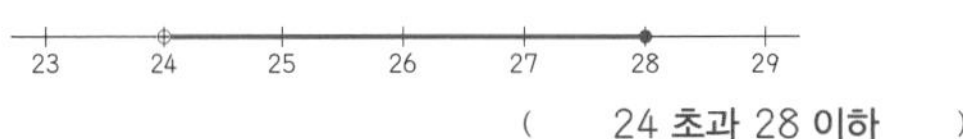

1. 수의 범위와 어림하기 **단원 평가**

1 수직선에 나타낸 수의 범위를 써 보세요.

(23, 24, 25, 26, 27, 28, 29 수직선)

(24 초과 28 이하)

2 8월 어느 날 오전 11시의 기온을 도시별로 조사하여 나타낸 표입니다. 기온이 26 ℃ 이상 31 ℃ 이하인 범위에 포함되는 도시를 모두 찾아 써 보세요.

도시별 기온

도시	강릉	서울	대구	부산	제주
기온(℃)	25.4	28.6	32.2	30.1	27.8

(서울, 부산, 제주)

3 태권도 겨루기 대회에 참가하는 수민이의 몸무게는 34 kg입니다. 수민이가 속한 체급의 몸무게 범위를 수직선에 나타내고, 수민이가 속한 체급을 써 보세요.

체급별 몸무게

체급	몸무게(kg)
라이트	39 초과
페더	36 초과 39 이하
밴텀	34 초과 36 이하
플라이	32 초과 34 이하
핀	32 이하

(31, 32, 33, 34, 35, 36, 37, 38, 39 수직선)

(플라이)

4 지호네 과수원에서 귤 1278개를 수확했습니다. 수확한 귤을 한 상자에 100개씩 넣어 상자 단위로 팔려고 합니다. 팔 수 있는 귤은 최대 몇 개인지 구해 보세요.

(1200)개

5 49381을 올림하여 백의 자리까지 나타낸 수와 버림하여 천의 자리까지 나타낸 수의 차는 얼마인지 풀이 과정을 쓰고, 답을 구해 보세요.

풀이 예 올림하여 백의 자리까지 나타내면 49400이고 버림하여 천의 자리까지 나타내면 49000입니다. 따라서 두 수의 차는 49400−49000=400입니다.

답 400

6 어떤 자연수를 반올림하여 십의 자리까지 나타내었더니 650이 되었습니다. 어떤 수가 될 수 있는 수의 범위를 이상과 미만을 사용하여 나타내어 보세요.

(645 이상 655 미만)

▶ 반올림하여 십의 자리까지 나타내는 경우는 일의 자리에서 반올림합니다.

7 주영이의 키는 146.3 cm입니다. 주영이의 키를 어림하여 146 cm로 나타내었다면 어떻게 어림했는지 보기 의 단어를 이용하여 두 가지 방법으로 설명해 보세요.

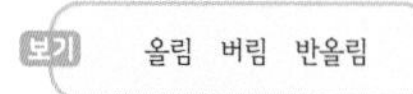

방법 1 146.3 cm를 반올림하여 일의 자리까지 나타내면 146 cm입니다.

방법 2 146.3 cm를 버림하여 일의 자리까지 나타내면 146 cm입니다.

1. 수의 범위와 어림하기 **실력 키우기**

1 버림하여 백의 자리까지 나타내면 2600이 되는 자연수 중에서 가장 큰 수를 구해 보세요.

(2699)

2 효빈이네 학교 5학년 학생 수를 반올림하여 십의 자리까지 나타내면 250명입니다. 물음에 답하세요.

❶ 5학년 학생 수가 될 수 있는 수의 범위를 이상과 이하로 나타내어 보세요.

(245 이상 254 이하)

❷ 공책 2권을 모두에게 나누어 주려면 최소 몇 권을 준비해야 하는지 구해 보세요.

(508)권

▶ 모두에게 2권씩 나누어주려면 254×2=508(권)을 준비해야 합니다.

3 어떤 자연수에 8을 곱해서 나온 수를 버림하여 십의 자리까지 나타내었더니 70이 되었습니다. 어떤 자연수는 얼마인지 풀이 과정을 쓰고, 답을 구해 보세요.

풀이 예 8을 곱하는 수는 8의 배수입니다. 8×9=72에서 버림하여 십의 자리까지 나타내면 70이 됩니다. 따라서 어떤 자연수는 9입니다.

답 9

4 어떤 수를 올림하여 십의 자리까지 나타내면 320이고 반올림하여 십의 자리까지 나타내면 310입니다. 어떤 수가 될 수 있는 수의 범위를 초과와 미만을 사용하여 구해 보세요.

(310 초과 315 미만)

(수직선: 반올림, 올림, 겹치는 부분, 305, 310, 315, 320)

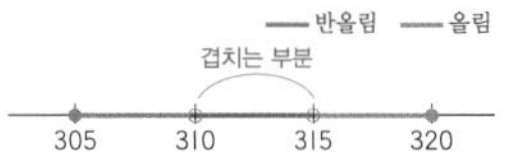

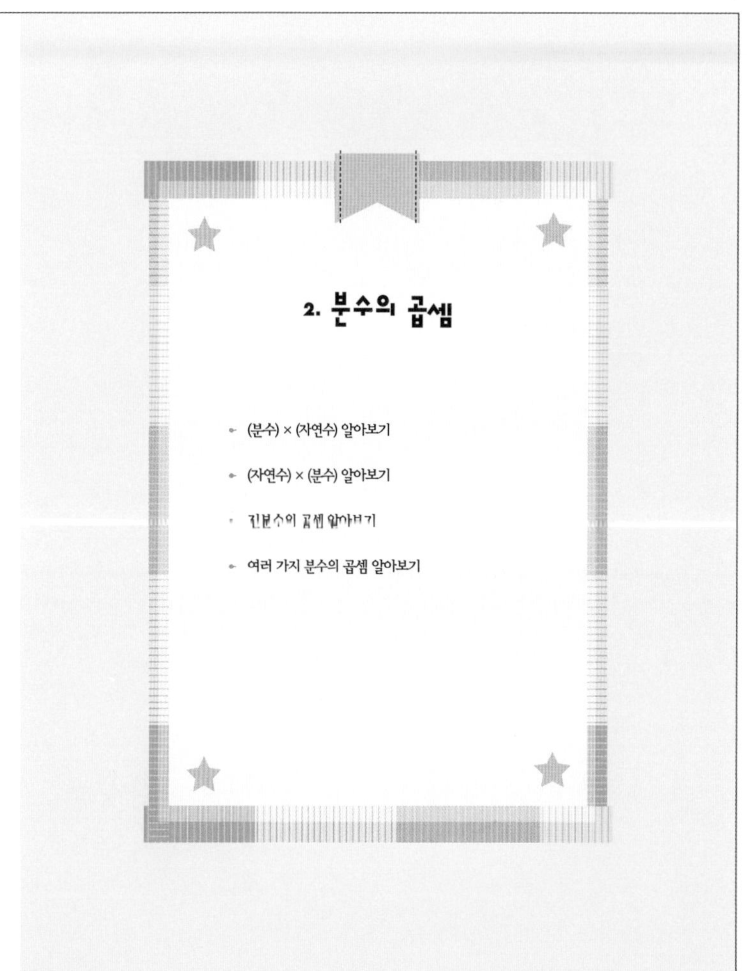

2. 분수의 곱셈
(분수) × (자연수) 알아보기
(자연수) × (분수) 알아보기
진분수의 곱셈 알아보기
여러 가지 분수의 곱셈 알아보기

26-27쪽

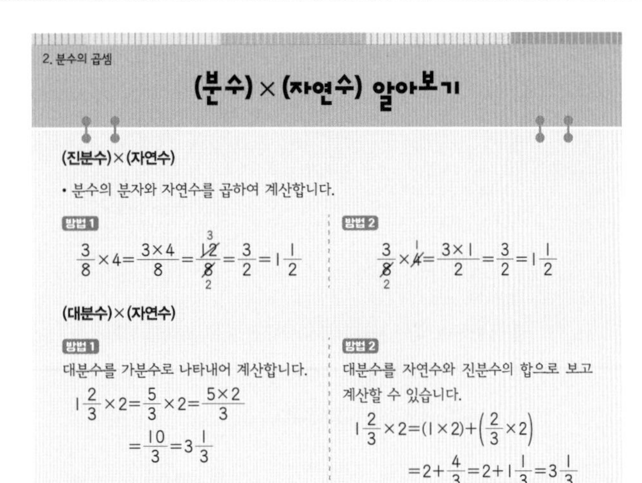

(분수) × (자연수) 알아보기

(진분수)×(자연수)

• 분수의 분자와 자연수를 곱하여 계산합니다.

방법 1 $\frac{3}{8}\times4=\frac{3\times4}{8}=\frac{\overset{3}{\cancel{12}}}{\underset{2}{\cancel{8}}}=\frac{3}{2}=1\frac{1}{2}$

방법 2 $\frac{3}{\underset{2}{\cancel{8}}}\times\overset{1}{\cancel{4}}=\frac{3\times1}{2}=\frac{3}{2}=1\frac{1}{2}$

(대분수)×(자연수)

방법 1 대분수를 가분수로 나타내어 계산합니다.

$1\frac{2}{3}\times2=\frac{5}{3}\times2=\frac{5\times2}{3}=\frac{10}{3}=3\frac{1}{3}$

방법 2 대분수를 자연수와 진분수의 합으로 보고 계산할 수 있습니다.

$1\frac{2}{3}\times2=(1\times2)+\left(\frac{2}{3}\times2\right)=2+\frac{4}{3}=2+1\frac{1}{3}=3\frac{1}{3}$

1 보기 와 같이 계산해 보세요.

보기 $\frac{3}{\underset{2}{\cancel{14}}}\times\overset{1}{\cancel{7}}=\frac{3\times1}{2}=\frac{3}{2}=1\frac{1}{2}$

$\frac{5}{\underset{3}{\cancel{12}}}\times\overset{2}{\cancel{8}}=\frac{5\times2}{3}=\frac{10}{3}=3\frac{1}{3}$

2 $2\frac{3}{16}\times4$를 두 가지 방법으로 계산해 보세요.

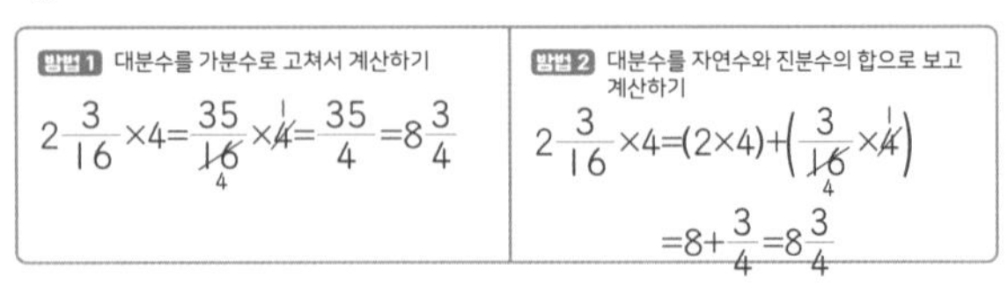

방법 1 대분수를 가분수로 고쳐서 계산하기	방법 2 대분수를 자연수와 진분수의 합으로 보고 계산하기
$2\frac{3}{16}\times4=\frac{35}{\underset{4}{\cancel{16}}}\times\overset{1}{\cancel{4}}=\frac{35}{4}=8\frac{3}{4}$	$2\frac{3}{16}\times4=(2\times4)+\left(\frac{3}{\underset{4}{\cancel{16}}}\times\overset{1}{\cancel{4}}\right)=8+\frac{3}{4}=8\frac{3}{4}$

3 잘못 계산한 학생을 찾아 이름을 쓰고, 식을 바르게 고쳐 계산해 보세요.

민주: $1\frac{2}{21}\times7=\frac{23}{21}\times7=\frac{23}{3}=7\frac{2}{3}$

호열: $3\frac{2}{5}\times2=(3\times2)+\left(\frac{2}{5}\times2\right)=6+\frac{4}{5}=6\frac{4}{5}$

용수: $2\frac{3}{10}\times5=\frac{23\times5}{10\times5}=\frac{115}{50}=2\frac{15}{50}=2\frac{3}{10}$

이름 용수　식 $2\frac{3}{10}\times5=\frac{23\times5}{10}=\frac{115}{10}=11\frac{5}{10}=11\frac{1}{2}$

4 계산 결과가 같은 것끼리 이어 보세요.

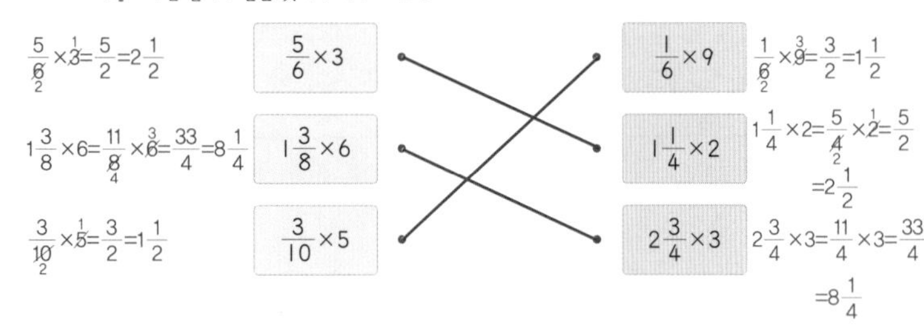

$\frac{5}{\underset{2}{\cancel{6}}}\times\overset{1}{\cancel{3}}=\frac{5}{2}=2\frac{1}{2}$ — $\frac{5}{6}\times3$ — $1\frac{1}{4}\times2$

$1\frac{3}{8}\times6=\frac{11}{\underset{4}{\cancel{8}}}\times\overset{3}{\cancel{6}}=\frac{33}{4}=8\frac{1}{4}$ — $1\frac{3}{8}\times6$ — $2\frac{3}{4}\times3$

$\frac{3}{\underset{2}{\cancel{10}}}\times\overset{1}{\cancel{5}}=\frac{3}{2}=1\frac{1}{2}$ — $\frac{3}{10}\times5$ — $\frac{1}{6}\times9$

$\frac{1}{\underset{2}{\cancel{6}}}\times\overset{3}{\cancel{9}}=\frac{3}{2}=1\frac{1}{2}$

$1\frac{1}{4}\times2=\frac{5}{\underset{2}{\cancel{4}}}\times\overset{1}{\cancel{2}}=\frac{5}{2}=2\frac{1}{2}$

$2\frac{3}{4}\times3=\frac{11}{4}\times3=\frac{33}{4}=8\frac{1}{4}$

5 한 변의 길이가 $\frac{7}{12}$ m인 정사각형의 둘레는 몇 m인지 구해 보세요.

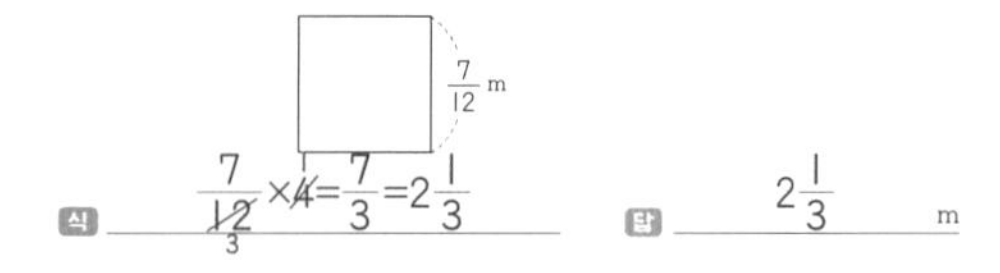

식 $\frac{7}{\underset{3}{\cancel{12}}}\times\overset{1}{\cancel{4}}=\frac{7}{3}=2\frac{1}{3}$　답 $2\frac{1}{3}$ m

6 주연이는 매일 $1\frac{3}{5}$ L의 물을 마십니다. 일주일 동안 주연이가 마시는 물의 양은 얼마인지 식을 쓰고 답을 구해 보세요.

식 $1\frac{3}{5}\times7=\frac{8}{5}\times7=\frac{56}{5}=11\frac{1}{5}$　답 $11\frac{1}{5}$ L

28-29쪽

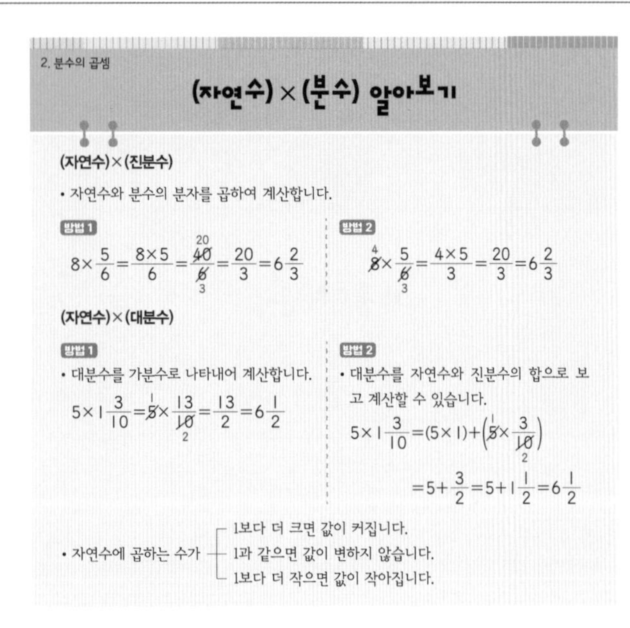

(자연수) × (분수) 알아보기

(자연수)×(진분수)

• 자연수와 분수의 분자를 곱하여 계산합니다.

방법 1 $8\times\frac{5}{6}=\frac{8\times5}{6}=\frac{\overset{20}{\cancel{40}}}{\underset{3}{\cancel{6}}}=\frac{20}{3}=6\frac{2}{3}$

방법 2 $\overset{4}{\cancel{8}}\times\frac{5}{\underset{3}{\cancel{6}}}=\frac{4\times5}{3}=\frac{20}{3}=6\frac{2}{3}$

(자연수)×(대분수)

방법 1 • 대분수를 가분수로 나타내어 계산합니다.

$5\times1\frac{3}{10}=\overset{1}{\cancel{5}}\times\frac{13}{\underset{2}{\cancel{10}}}=\frac{13}{2}=6\frac{1}{2}$

방법 2 • 대분수를 자연수와 진분수의 합으로 보고 계산할 수 있습니다.

$5\times1\frac{3}{10}=(5\times1)+\left(\overset{1}{\cancel{5}}\times\frac{3}{\underset{2}{\cancel{10}}}\right)=5+\frac{3}{2}=5+1\frac{1}{2}=6\frac{1}{2}$

• 자연수에 곱하는 수가
- 1보다 더 크면 값이 커집니다.
- 1과 같으면 값이 변하지 않습니다.
- 1보다 더 작으면 값이 작아집니다.

1 보기 와 같이 계산해 보세요.

보기 $\overset{1}{\cancel{5}}\times\frac{4}{\underset{3}{\cancel{15}}}=\frac{1\times4}{3}=\frac{4}{3}=1\frac{1}{3}$

❶ $6\times\frac{3}{4}=\overset{3}{\cancel{6}}\times\frac{3}{\underset{2}{\cancel{4}}}=3\times\frac{3}{2}=\frac{9}{2}=4\frac{1}{2}$　❷ $16\times\frac{3}{10}=\overset{8}{\cancel{16}}\times\frac{3}{\underset{5}{\cancel{10}}}=8\times\frac{3}{5}=\frac{24}{5}=4\frac{4}{5}$

2 $6\times2\frac{4}{9}$를 두 가지 방법으로 계산해 보세요.

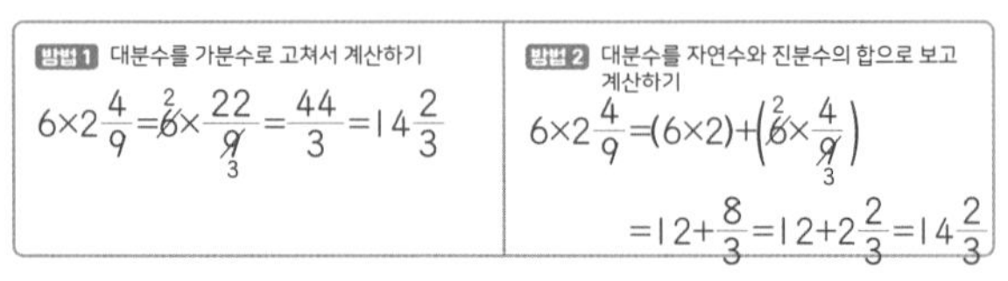

방법 1 대분수를 가분수로 고쳐서 계산하기	방법 2 대분수를 자연수와 진분수의 합으로 보고 계산하기
$6\times2\frac{4}{9}=\overset{2}{\cancel{6}}\times\frac{22}{\underset{3}{\cancel{9}}}=\frac{44}{3}=14\frac{2}{3}$	$6\times2\frac{4}{9}=(6\times2)+\left(\overset{2}{\cancel{6}}\times\frac{4}{\underset{3}{\cancel{9}}}\right)=12+\frac{8}{3}=12+2\frac{2}{3}=14\frac{2}{3}$

3 계산해 보세요.

❶ $\overset{3}{\cancel{18}}\times\frac{5}{\underset{2}{\cancel{12}}}=\frac{15}{2}=7\frac{1}{2}$

❷ $8\times2\frac{3}{10}=(8\times2)+\left(\overset{4}{\cancel{8}}\times\frac{3}{\underset{5}{\cancel{10}}}\right)=16+\frac{12}{5}=16+2\frac{2}{5}=18\frac{2}{5}$

4 잘못 계산한 이유를 쓰고 바르게 계산해 보세요.

$\overset{2}{\cancel{6}}\times1\frac{4}{\underset{5}{\cancel{15}}}=2\times1\frac{4}{5}=2\times\frac{9}{5}=\frac{18}{5}=3\frac{3}{5}$

이유 대분수를 가분수로 고치지 않고 바로 계산하였습니다.

바르게 계산하기 $6\times1\frac{4}{15}=\overset{2}{\cancel{6}}\times\frac{19}{\underset{5}{\cancel{15}}}=\frac{38}{5}=7\frac{3}{5}$

5 계산 결과가 3보다 큰 식에 ○표, 3보다 작은 식에 △표 하세요.

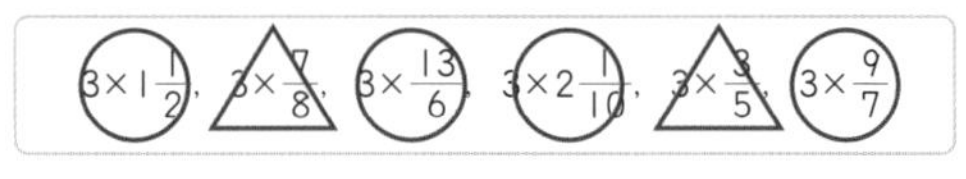

6 직사각형 가와 나가 있습니다. 가의 넓이는 나의 넓이보다 몇 cm^2 더 넓은지 구해 보세요.

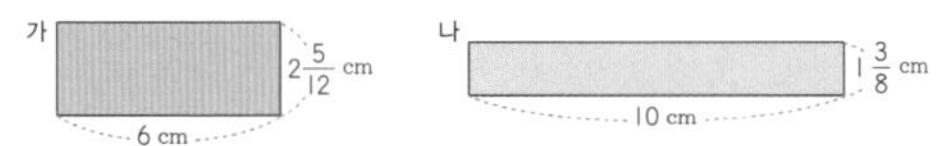

➡ 가의 넓이는 나의 넓이보다 $\frac{3}{4}$ cm^2 더 넓습니다.

▶ 가의 넓이: $6\times2\frac{5}{12}=\overset{1}{\cancel{6}}\times\frac{29}{\underset{2}{\cancel{12}}}=14\frac{1}{2}$　나의 넓이: $10\times1\frac{3}{8}=\overset{5}{\cancel{10}}\times\frac{11}{\underset{4}{\cancel{8}}}=\frac{55}{4}=13\frac{3}{4}$

가의 넓이에서 나의 넓이를 빼면 $14\frac{1}{2}-13\frac{3}{4}=14\frac{2}{4}-13\frac{3}{4}=13\frac{6}{4}-13\frac{3}{4}=\frac{3}{4}$입니다.

2. 분수의 곱셈

진분수의 곱셈 알아보기

• (진분수)×(진분수)는 분자는 분자끼리, 분모는 분모끼리 곱하여 계산합니다.

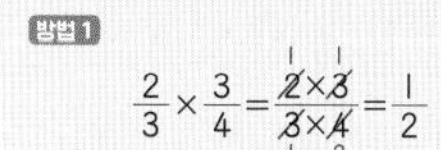

방법 1 $\frac{2}{3}\times\frac{3}{4}=\frac{\cancel{2}^{1}\times\cancel{3}^{1}}{\cancel{3}_{1}\times\cancel{4}_{2}}=\frac{1}{2}$

방법 2 $\frac{\cancel{2}^{1}}{\cancel{3}_{1}}\times\frac{\cancel{3}^{1}}{\cancel{4}_{2}}=\frac{1\times1}{1\times2}=\frac{1}{2}$

• 세 분수의 곱셈

방법 1 앞에서부터 차례로 계산합니다.

$\frac{2}{3}\times\frac{2}{5}\times\frac{5}{8}=\frac{\cancel{4}^{1}}{\cancel{15}_{3}}\times\frac{\cancel{5}^{1}}{\cancel{8}_{2}}=\frac{1}{6}$

방법 2 세 분수를 한번에 계산합니다.

$\frac{\cancel{2}^{1}}{3}\times\frac{\cancel{2}^{1}}{\cancel{5}_{1}}\times\frac{\cancel{5}^{1}}{\cancel{8}_{2}}=\frac{1}{6}$

1 그림을 보고 □ 안에 알맞은 수를 써넣으세요.

❶ 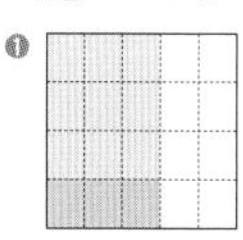

$\frac{3}{5}\times\frac{1}{4}=\frac{\boxed{3}\times\boxed{1}}{\boxed{5}\times\boxed{4}}=\frac{\boxed{3}}{\boxed{20}}$

❷ 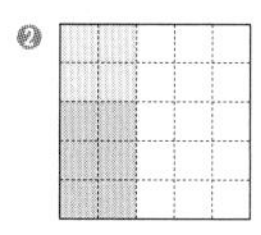

$\frac{2}{5}\times\frac{3}{5}=\frac{\boxed{2}\times\boxed{3}}{\boxed{5}\times\boxed{5}}=\frac{\boxed{6}}{\boxed{25}}$

2 그림을 보고 □ 안에 알맞은 수를 써넣으세요.

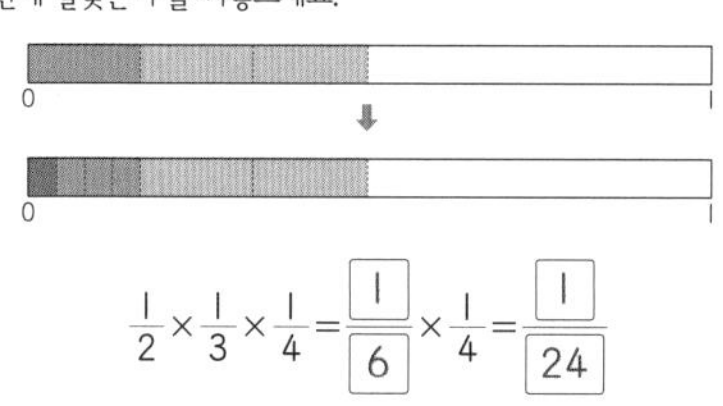

$\frac{1}{2}\times\frac{1}{3}\times\frac{1}{4}=\frac{\boxed{1}}{\boxed{6}}\times\frac{1}{4}=\frac{\boxed{1}}{\boxed{24}}$

3 계산해 보세요.

❶ $\frac{1}{4}\times\frac{1}{5}=\frac{1}{20}$　　❷ $\frac{1}{\cancel{2}_{1}}\times\frac{\cancel{4}^{2}}{5}=\frac{2}{5}$

❸ $\frac{\cancel{5}^{1}}{11}\times\frac{1}{\cancel{5}_{1}}=\frac{1}{11}$　　❹ $\frac{\cancel{5}^{1}}{\cancel{9}_{3}}\times\frac{\cancel{3}^{1}}{\cancel{10}_{2}}=\frac{1}{6}$

❺ $\frac{1}{\cancel{3}_{1}}\times\frac{\cancel{3}^{1}}{5}\times\frac{3}{4}=\frac{3}{20}$　　❻ $\frac{\cancel{7}^{1}}{\cancel{12}_{4}}\times\frac{\cancel{3}^{1}}{\cancel{8}_{4}}\times\frac{\cancel{6}^{3}}{\cancel{7}_{1}}=\frac{3}{16}$

4 보기에서 가장 큰 수와 가장 작은 수를 찾아 쓰고, 곱을 구해 보세요.

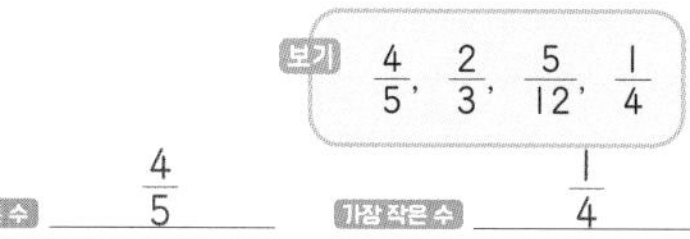

보기: $\frac{4}{5}$, $\frac{2}{3}$, $\frac{5}{12}$, $\frac{1}{4}$

가장 큰 수 $\frac{4}{5}$　가장 작은 수 $\frac{1}{4}$　곱 $\frac{1}{5}$

▶ 분수를 통분하여 수의 크기를 비교합니다.
$\frac{4}{5}$, $\frac{2}{3}$, $\frac{5}{12}$, $\frac{1}{4}$ ➡ $\frac{48}{60}$, $\frac{40}{60}$, $\frac{25}{60}$, $\frac{15}{60}$

5 찰흙 $\frac{14}{15}$ kg의 $\frac{5}{7}$만큼을 사용하여 미술 작품을 만들었습니다. 사용한 찰흙은 몇 kg인지 식을 쓰고 답을 구해 보세요.

식 $\frac{14}{15}\times\frac{5}{7}=\frac{\cancel{14}^{2}}{\cancel{15}_{3}}\times\frac{\cancel{5}^{1}}{\cancel{7}_{1}}=\frac{2}{3}$ (kg)　답 $\frac{2}{3}$ kg

6 어떤 수에 $\frac{1}{4}$을 곱해야 할 것을 잘못하여 더했더니 $\frac{5}{8}$가 되었습니다. 바르게 계산한 값은 얼마인지 풀이 과정을 쓰고 답을 구해 보세요.

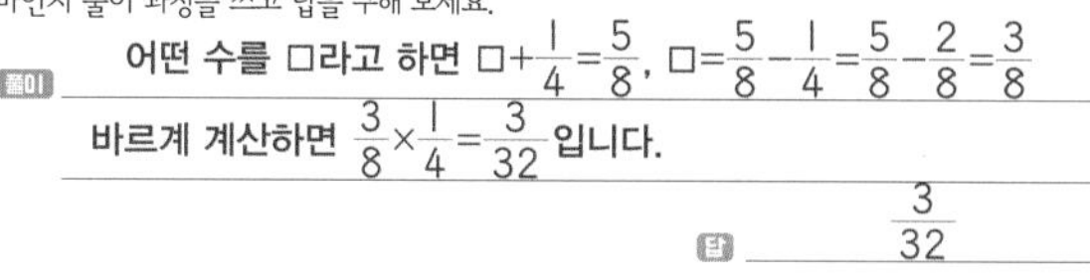

풀이 어떤 수를 □라고 하면 $□+\frac{1}{4}=\frac{5}{8}$, $□=\frac{5}{8}-\frac{1}{4}=\frac{5}{8}-\frac{2}{8}=\frac{3}{8}$
바르게 계산하면 $\frac{3}{8}\times\frac{1}{4}=\frac{3}{32}$ 입니다.

답 $\frac{3}{32}$

2. 분수의 곱셈

여러 가지 분수의 곱셈 알아보기

(대분수)×(대분수)

방법 1 대분수를 가분수로 나타내어 계산합니다.

$1\frac{1}{5}\times1\frac{1}{4}=\frac{\cancel{6}^{3}}{\cancel{5}_{1}}\times\frac{\cancel{5}^{1}}{\cancel{4}_{2}}=\frac{3\times1}{1\times2}$
$=\frac{3}{2}=1\frac{1}{2}$

방법 2 대분수를 자연수 부분과 진분수 부분으로 구분하여 계산합니다.

$1\frac{1}{5}\times1\frac{1}{4}=\left(1\frac{1}{5}\times1\right)+\left(1\frac{1}{5}\times\frac{1}{4}\right)$
$=1\frac{1}{5}+\left(\frac{\cancel{6}^{3}}{5}\times\frac{1}{\cancel{4}_{2}}\right)$
$=1\frac{1}{5}+\frac{3}{10}=1\frac{2}{10}+\frac{3}{10}$
$=1\frac{5}{10}=1\frac{1}{2}$

1 그림을 보고 □ 안에 알맞은 수를 써넣으세요.

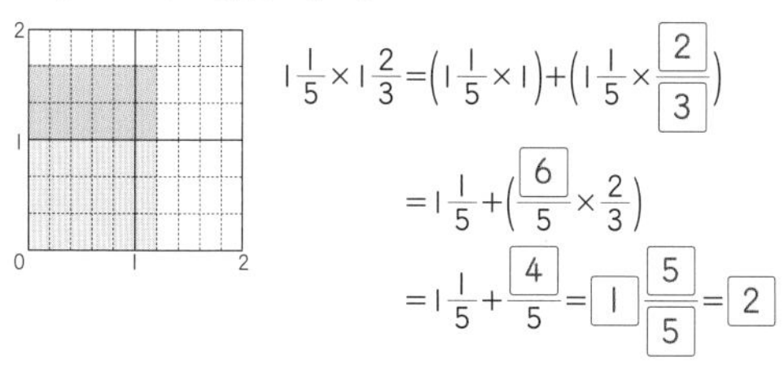

$1\frac{1}{5}\times1\frac{2}{3}=\left(1\frac{1}{5}\times1\right)+\left(1\frac{1}{5}\times\frac{\boxed{2}}{\boxed{3}}\right)$
$=1\frac{1}{5}+\left(\frac{\boxed{6}}{5}\times\frac{2}{3}\right)$
$=1\frac{1}{5}+\frac{\boxed{4}}{5}=\boxed{1}\frac{\boxed{5}}{\boxed{5}}=\boxed{2}$

2 계산해 보세요.

❶ $2\frac{1}{3}\times1\frac{6}{7}=\frac{\cancel{7}^{1}}{3}\times\frac{13}{\cancel{7}_{1}}=\frac{13}{3}=4\frac{1}{3}$

❷ $2\frac{1}{7}\times1\frac{3}{5}=\frac{\cancel{15}^{3}}{7}\times\frac{8}{\cancel{5}_{1}}=\frac{24}{7}=3\frac{3}{7}$

❸ $6\frac{2}{5}\times1\frac{7}{8}=\frac{\cancel{32}^{4}}{\cancel{5}_{1}}\times\frac{\cancel{15}^{3}}{\cancel{8}_{1}}=12$

❹ $1\frac{3}{5}\times4\frac{5}{8}=\frac{\cancel{8}^{1}}{5}\times\frac{37}{\cancel{8}_{1}}=\frac{37}{5}=7\frac{2}{5}$

3 가로가 $5\frac{1}{3}$ m, 세로가 $2\frac{1}{6}$ m인 직사각형 모양의 텃밭이 있습니다. 이 텃밭의 넓이를 구해 보세요.

($11\frac{5}{9}$) m²

▶ 직사각형의 넓이는 (가로)×(세로)입니다.
$5\frac{1}{3}\times2\frac{1}{6}=\frac{\cancel{16}^{8}}{3}\times\frac{13}{\cancel{6}_{3}}=\frac{104}{9}=11\frac{5}{9}$ (m²)

4 □ 안에 알맞은 수를 써넣으세요.

주영 : 1시간의 $\frac{2}{5}$는 $\boxed{24}$분이야.
재호 : 1 m의 $\frac{1}{4}$은 $\boxed{25}$ cm야.
명수 : 1 L의 $\frac{3}{8}$은 $\boxed{375}$ mL야.

▶ 주영: $\cancel{60}^{12}\times\frac{2}{\cancel{5}_{1}}=24$, 재호: $\cancel{100}^{25}\times\frac{1}{\cancel{4}_{1}}=25$, 명수: $\cancel{1000}^{125}\times\frac{3}{\cancel{8}_{1}}=375$

5 학교 도서관에 있는 아동 도서는 전체 도서의 $\frac{4}{5}$입니다. 아동 도서의 $\frac{7}{10}$은 동화책이고 그중 $\frac{5}{7}$는 전래 동화입니다. 전래 동화는 전체 도서의 몇 분의 몇인지 식을 쓰고 답을 구해 보세요.

식 $\frac{4}{5}\times\frac{7}{10}\times\frac{5}{7}=\frac{\cancel{4}^{2}}{\cancel{5}_{1}}\times\frac{\cancel{7}^{1}}{\cancel{10}_{5}}\times\frac{\cancel{5}^{1}}{\cancel{7}_{1}}=\frac{2}{5}$　답 $\frac{2}{5}$

6 민준이가 설명하는 자동차는 $4\frac{1}{2}$ L의 휘발유로 몇 km를 갈 수 있는지 구해 보세요.

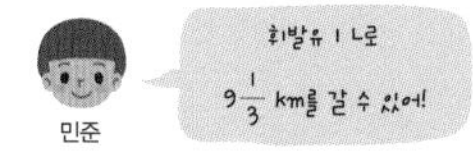

휘발유 1 L로
$9\frac{1}{3}$ km를 갈 수 있어!
민준

(42) km

▶ $9\frac{1}{3}\times4\frac{1}{2}=\frac{\cancel{28}^{14}}{\cancel{3}_{1}}\times\frac{\cancel{9}^{3}}{\cancel{2}_{1}}=42$

34–35쪽

2. 분수의 곱셈

연습 문제

[1~28] 분수의 곱셈을 계산해 보세요.

1 $\frac{1}{5}\times3=\frac{3}{5}$

2 $\frac{1}{4}\times2=\frac{1}{4}\times2=\frac{1}{2}$

3 $\frac{3}{5}\times10=\frac{3}{5}\times10=6$

4 $\frac{5}{14}\times7=\frac{5}{14}\times7=\frac{5}{2}=2\frac{1}{2}$

5 $2\frac{3}{8}\times6=\frac{19}{8}\times6=\frac{57}{4}=14\frac{1}{4}$

6 $1\frac{3}{4}\times10=\frac{7}{4}\times10=\frac{35}{2}=17\frac{1}{2}$

7 $16\times\frac{1}{8}=16\times\frac{1}{8}=2$

8 $18\times\frac{5}{9}=18\times\frac{5}{9}=10$

9 $2\times\frac{2}{3}=\frac{2\times2}{3}=\frac{4}{3}=1\frac{1}{3}$

10 $14\times\frac{5}{6}=14\times\frac{5}{6}=\frac{35}{3}=11\frac{2}{3}$

11 $3\times2\frac{1}{7}=3\times\frac{15}{7}=\frac{45}{7}=6\frac{3}{7}$

12 $6\times1\frac{2}{9}=6\times\frac{11}{9}=\frac{22}{3}=7\frac{1}{3}$

13 $4\times3\frac{1}{8}=4\times\frac{25}{8}=\frac{25}{2}=12\frac{1}{2}$

14 $3\times1\frac{2}{5}=3\times\frac{7}{5}=\frac{21}{5}=4\frac{1}{5}$

15 $\frac{1}{4}\times\frac{1}{2}=\frac{1\times1}{4\times2}=\frac{1}{8}$

16 $\frac{1}{8}\times\frac{2}{5}=\frac{1}{8}\times\frac{2}{5}=\frac{1}{20}$

17 $\frac{5}{6}\times\frac{3}{5}=\frac{5}{6}\times\frac{3}{5}=\frac{1}{2}$

18 $\frac{2}{3}\times\frac{4}{5}=\frac{2\times4}{3\times5}=\frac{8}{15}$

19 $\frac{7}{15}\times\frac{5}{14}=\frac{7}{15}\times\frac{5}{14}=\frac{1}{6}$

20 $\frac{7}{8}\times\frac{4}{21}=\frac{7}{8}\times\frac{4}{21}=\frac{1}{6}$

21 $1\frac{2}{5}\times2\frac{1}{2}=\frac{7}{5}\times\frac{5}{2}=\frac{7}{2}=3\frac{1}{2}$

22 $2\frac{3}{7}\times2\frac{1}{10}=\frac{17}{7}\times\frac{21}{10}=\frac{51}{10}=5\frac{1}{10}$

23 $3\frac{3}{8}\times3\frac{1}{5}=\frac{27}{8}\times\frac{16}{5}=\frac{54}{5}$ $=10\frac{4}{5}$

24 $2\frac{2}{3}\times1\frac{5}{12}=\frac{8}{3}\times\frac{17}{12}=\frac{34}{9}=3\frac{7}{9}$

25 $\frac{5}{6}\times\frac{3}{10}\times\frac{2}{3}=\frac{5}{6}\times\frac{3}{10}\times\frac{2}{3}=\frac{1}{6}$

26 $\frac{3}{4}\times\frac{1}{3}\times\frac{8}{9}=\frac{3}{4}\times\frac{1}{3}\times\frac{8}{9}=\frac{2}{9}$

27 $\frac{1}{2}\times\frac{2}{3}\times\frac{5}{7}=\frac{1}{2}\times\frac{2}{3}\times\frac{5}{7}=\frac{5}{21}$

28 $\frac{3}{5}\times\frac{7}{15}\times\frac{10}{21}=\frac{3}{5}\times\frac{7}{15}\times\frac{10}{21}=\frac{2}{15}$

36–37쪽

2. 분수의 곱셈

단원 평가

1 $2\frac{2}{5}\times1\frac{2}{3}$를 두 가지 방법으로 계산해 보세요.

방법 1 대분수를 가분수로 고쳐서 계산하기

$2\frac{2}{5}\times1\frac{2}{3}=\frac{12}{5}\times\frac{5}{3}=4$

방법 2 곱하는 대분수를 자연수 부분과 진분수 부분으로 구분하여 계산하기

$2\frac{2}{5}\times1\frac{2}{3}=\left(2\frac{2}{5}\times1\right)+\left(2\frac{2}{5}\times\frac{2}{3}\right)=2\frac{2}{5}+\left(\frac{12}{5}\times\frac{2}{3}\right)=2\frac{2}{5}+\frac{8}{5}$

$=2\frac{2}{5}+1\frac{3}{5}=3\frac{5}{5}=4$

2 계산 결과가 가장 큰 것을 찾아 기호를 써 보세요.

㉠ $\frac{3}{4}\times1\frac{1}{7}$　㉡ $1\frac{4}{5}\times\frac{7}{18}$　㉢ $2\frac{2}{3}\times2\frac{1}{4}$　㉣ $6\times\frac{3}{4}$

(㉢)

▶ ㉠ $\frac{3}{4}\times\frac{8}{7}=\frac{6}{7}$　㉡ $\frac{9}{5}\times\frac{7}{18}=\frac{7}{10}$　㉢ $\frac{8}{3}\times\frac{9}{4}=6$　㉣ $6\times\frac{3}{4}=\frac{9}{2}=4\frac{1}{2}$

3 색 테이프를 8등분 한 것입니다. 색칠한 부분의 길이는 몇 cm인지 구해 보세요.

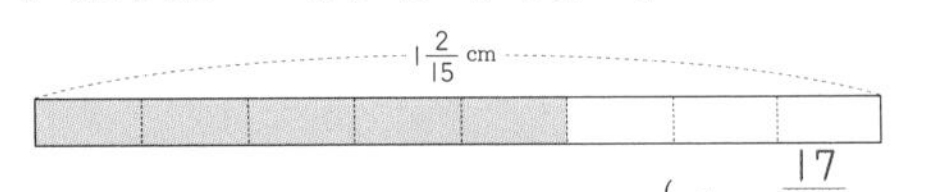

($\frac{17}{24}$) cm

▶ 전체 $1\frac{2}{15}$ cm의 $\frac{5}{8}$이므로 식으로 나타내면 $1\frac{2}{15}\times\frac{5}{8}=\frac{17}{15}\times\frac{5}{8}=\frac{17}{24}$입니다.

4 세 수의 곱을 구해 보세요.

$\frac{5}{8}$　$\frac{2}{7}$　$\frac{7}{15}$

▶ $\frac{5}{8}\times\frac{2}{7}\times\frac{7}{15}=\frac{1}{12}$　($\frac{1}{12}$)

5 ○ 안에 >, =, <를 알맞게 써넣으세요.

❶ $\frac{1}{5}$ (>) $\frac{1}{5}\times\frac{1}{2}$

❷ $\frac{1}{3}$ (=) $\frac{1}{3}\times1$

❸ $\frac{3}{7}\times\frac{1}{5}$ (<) $\frac{3}{7}\times\frac{2}{5}$

❹ $\frac{1}{4}\times1\frac{1}{4}$ (>) $\frac{3}{4}\times\frac{1}{4}$

6 정사각형의 둘레는 몇 cm인지 구해 보세요.

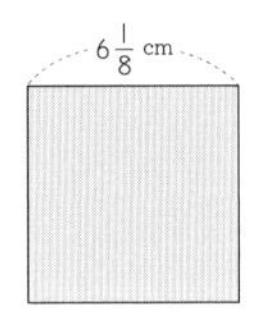

($24\frac{1}{2}$) cm

▶ 정사각형의 둘레의 길이는 (한 변의 길이)×4입니다.

$6\frac{1}{8}\times4=\frac{49}{8}\times4=\frac{49}{2}=24\frac{1}{2}$

7 영민이네 학교의 5학년 학생 수는 전체 학생 수의 $\frac{3}{7}$입니다. 5학년 학생 수의 $\frac{5}{8}$가 남학생이고, 그중에서 $\frac{2}{5}$는 축구를 좋아합니다. 축구를 좋아하는 5학년 남학생은 전체 학생의 몇 분의 몇인지 구해 보세요.

풀이 축구를 좋아하는 5학년 남학생은 전체 학생의 $\frac{3}{7}\times\frac{5}{8}\times\frac{2}{5}$입니다.

답 $\frac{3}{28}$

▶ 세 분수의 곱셈을 해보면 $\frac{3}{7}\times\frac{5}{8}\times\frac{2}{5}=\frac{3}{28}$입니다.

8 수 카드 [2], [3], [4]를 한 번씩 모두 사용하여 만들 수 있는 가장 큰 대분수와 가장 작은 대분수의 곱은 얼마인지 식을 쓰고 답을 구해 보세요.

식 $4\frac{2}{3}\times2\frac{3}{4}=\frac{14}{3}\times\frac{11}{4}=\frac{77}{6}=12\frac{5}{6}$　**답** $12\frac{5}{6}$

2. 분수의 곱셈

실력 키우기

1 민석이는 어제 책 한 권의 $\frac{1}{5}$을 읽었고, 오늘은 어제 읽고 난 나머지의 $\frac{3}{4}$을 읽었습니다. 책 한 권이 250쪽일 때 오늘은 몇 쪽을 읽었는지 구해 보세요.

(150)쪽

▶ 민석이가 어제 읽은 책 쪽 수는 $250\times\frac{1}{5}=50$(쪽)입니다. 오늘은 나머지의 $\frac{3}{4}$을 읽었으므로 $200\times\frac{3}{4}=150$(쪽)입니다.

2 한 시간에 $4\frac{2}{3}$ km의 일정한 빠르기로 달리는 전기 자전거를 타고 1시간 20분 동안 이동하여 목적지에 도착하였습니다. 전기 자전거를 타고 이동한 거리는 모두 몇 km인지 식을 쓰고 답을 구해 보세요.

식 $4\frac{2}{3}\times1\frac{1}{3}=\frac{14}{3}\times\frac{4}{3}=\frac{56}{9}=6\frac{2}{9}$ 답 $6\frac{2}{9}$ km

▶ 1시간 20분을 분수로 나타내면 $1\frac{20}{60}=1\frac{1}{3}$(시간)입니다.

3 유민이는 색종이로 직사각형 가와 평행사변형 나를 만들었습니다. 가와 나 중 어느 것이 몇 cm^2 더 넓은지 구해 보세요.

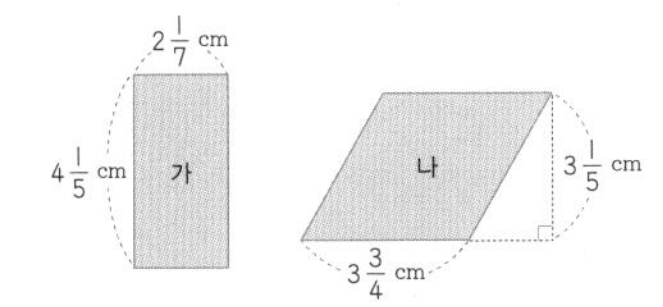

(나), (3) cm^2

▶ 가 넓이: $4\frac{1}{5}\times2\frac{1}{7}=\frac{21}{5}\times\frac{15}{7}=9\ (cm^2)$, 나 넓이: $3\frac{3}{4}\times3\frac{1}{5}=\frac{15}{4}\times\frac{16}{5}=12\ (cm^2)$

4 3분 동안 $1\frac{3}{5}$ cm씩 타는 양초가 있습니다. 이 양초에 불을 붙인 지 9분이 지난 후 양초의 길이를 재었더니 처음 양초 길이의 $\frac{5}{6}$가 되었습니다. 처음 양초의 길이는 몇 cm인지 풀이 과정을 쓰고, 답을 구해 보세요.

풀이 9분 동안 탄 양초의 길이는 $1\frac{3}{5}\times3=\frac{8}{5}\times3=\frac{24}{5}=4\frac{4}{5}$ (cm)입니다.
따라서 $4\frac{4}{5}\times6=\frac{24}{5}\times6=\frac{144}{5}=28\frac{4}{5}$ (cm)가 처음 양초의 길이입니다.

답 $28\frac{4}{5}$ cm

▶ 9분 동안 타고 남은 양초의 길이가 처음 길이의 $\frac{5}{6}$이므로 9분 동안 탄 양초의 길이의 6배가 처음 양초의 길이가 됩니다.

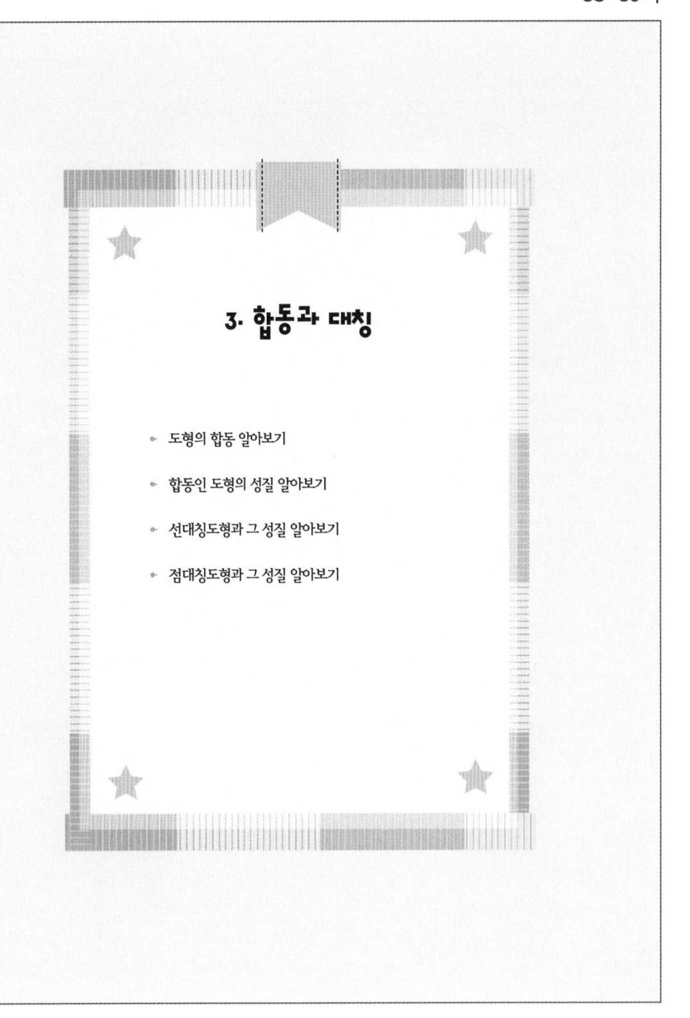

3. 합동과 대칭

도형의 합동 알아보기

• 모양과 크기가 같아서 밀거나, 뒤집거나, 돌려서 포개었을 때 완전히 겹치는 두 도형을 서로 합동이라고 합니다.

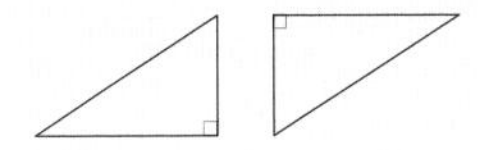

1 왼쪽 도형과 포개었을 때 완전히 겹치는 도형을 찾아 기호를 써 보세요.

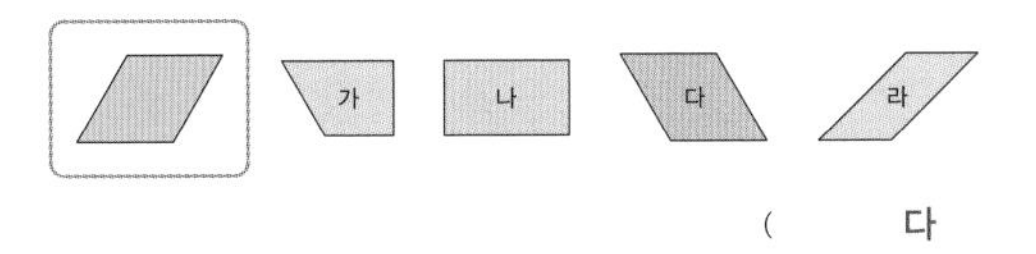

(다)

2 □ 안에 알맞은 말을 써넣으세요.

모양과 크기가 같아서 포개었을 때 완전히 겹치는 두 도형을 서로 합동 (이)라고 합니다.

3 왼쪽 도형과 서로 합동인 도형을 찾아 ○표 하세요.

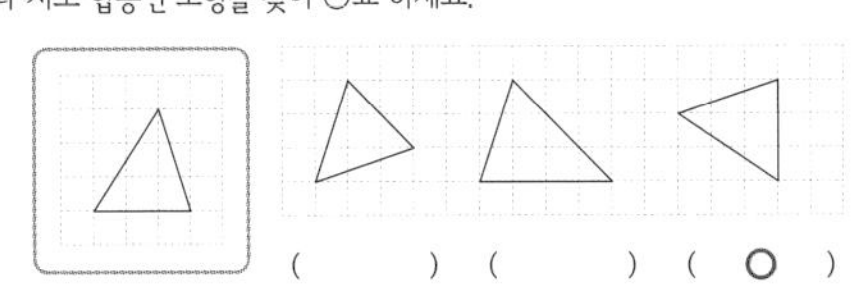

( ) ( ) (○)

4 정사각형의 점선을 따라 잘랐을 때 잘린 두 도형이 서로 합동인 것을 모두 찾아 ○표 하세요.

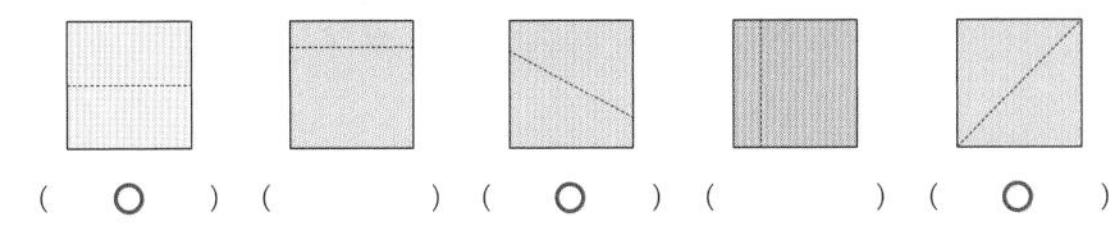

(○) ( ) (○) ( ) (○)

5 주어진 도형과 서로 합동인 도형을 그려 보세요.

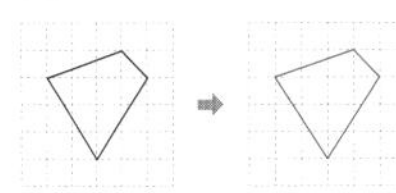

6 서로 합동인 두 도형을 찾아 기호를 써 보세요.

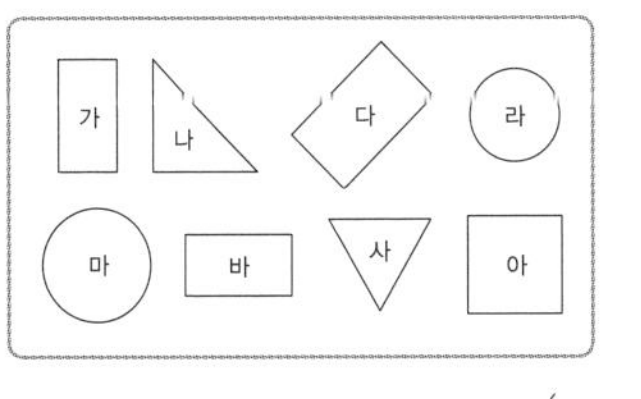

(가, 바)

7 마름모를 점선을 따라 잘랐을 때 만들어지는 두 도형이 서로 합동이 되는 점선을 모두 찾아 기호를 써 보세요.

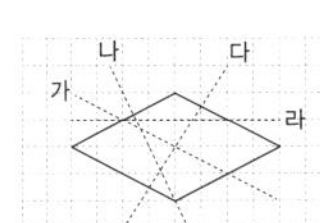

(가, 다)

42–43쪽

3. 합동과 대칭

합동인 도형의 성질 알아보기

대응점, 대응변, 대응각 알아보기

• 서로 합동인 두 도형을 포개었을 때 완전히 겹치는 점을 대응점, 겹치는 변을 대응변, 겹치는 각을 대응각이라고 합니다.

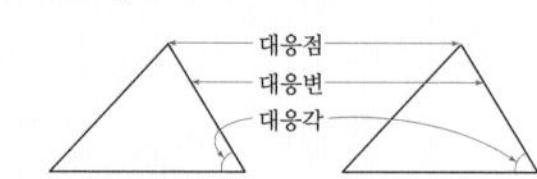

합동인 도형의 성질

• 각각의 대응변의 길이는 서로 같습니다.
• 각각의 대응각의 크기는 서로 같습니다.

1 두 삼각형은 서로 합동입니다. □ 안에 알맞게 써넣으세요.

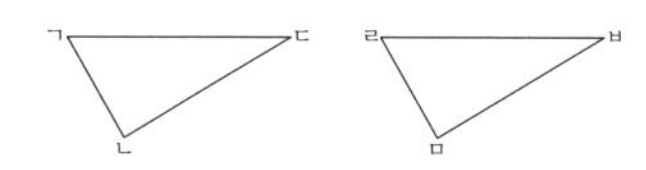

❶ 대응점: 점 ㄱ과 점 ㄹ, 점 ㄴ과 점 ㅁ, 점 ㄷ과 점 ㅂ

❷ 대응변: 변 ㄱㄴ과 변 ㄹㅁ, 변 ㄱㄷ과 변 ㄹㅂ, 변 ㄷㄴ과 변 ㅂㅁ

❸ 대응각: 각 ㄱㄴㄷ과 각 ㄹㅁㅂ, 각 ㄱㄷㄴ과 각 ㄹㅂㅁ, 각 ㄴㄱㄷ과 각 ㅁㄹㅂ

2 두 도형은 서로 합동입니다. 대응점, 대응변, 대응각이 각각 몇 쌍이 있는지 구해 보세요.

대응점 (4)쌍
대응변 (4)쌍
대응각 (4)쌍

3 두 삼각형은 서로 합동입니다. □ 안에 알맞은 수를 써넣으세요.

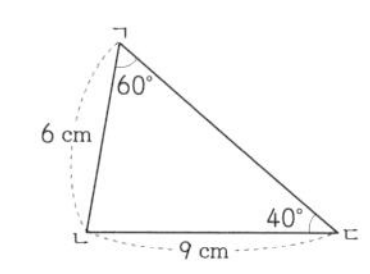

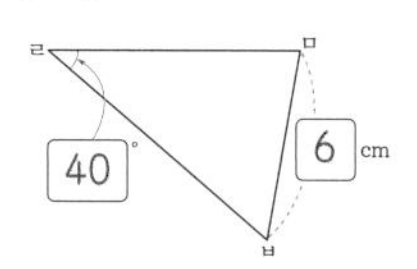

4 두 사각형은 서로 합동입니다. 사각형 ㄱㄴㄷㄹ의 둘레는 몇 cm인지 구해 보세요.

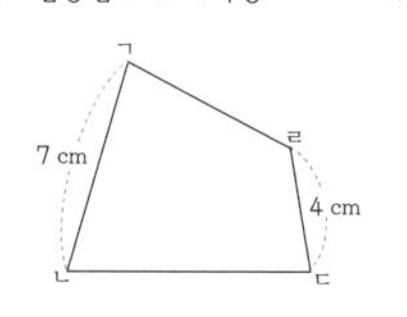

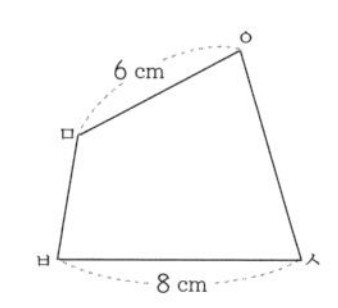

(25) cm

▶ 서로 합동이므로 변 ㄱㄹ의 길이는 6 cm, 변 ㄴㄷ의 길이는 8 cm입니다.

5 그림과 같이 삼각형 ㅂㄱㅁ과 삼각형 ㄹㄷㅁ이 서로 합동이 되도록 직사각형 ㄱㄴㄷㄹ을 접었습니다. 직사각형 ㄱㄴㄷㄹ의 넓이는 몇 cm^2인지 구해 보세요.

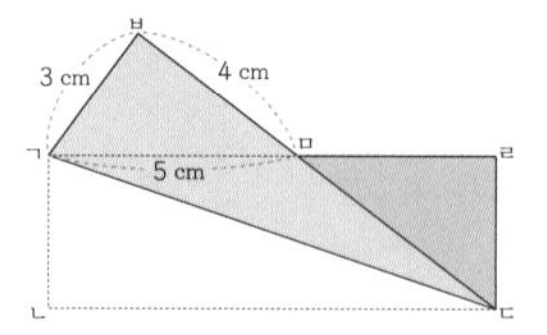

(27) cm^2

▶ 삼각형 ㅂㄱㅁ과 삼각형 ㄹㄷㅁ이 서로 합동이므로 변 ㅁㄹ의 길이는 4 cm이고 변 ㄹㄷ의 길이는 3 cm입니다.
사각형 ㄱㄴㄷㄹ의 넓이는 $(5+4)\times3=27\ (cm^2)$입니다.

44–45쪽

3. 합동과 대칭

선대칭도형과 그 성질 알아보기

선대칭도형 알아보기

• 한 직선을 따라 접었을 때 완전히 겹치는 도형을 선대칭도형이라고 합니다. 이때 그 직선을 대칭축이라고 합니다.

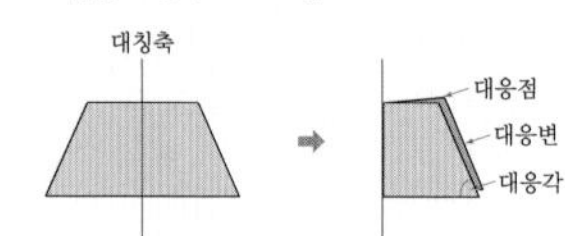

• 대칭축을 따라 접었을 때 겹치는 점을 대응점, 겹치는 변을 대응변, 겹치는 각을 대응각이라고 합니다.

선대칭도형의 성질

• 각 대응변의 길이는 서로 같습니다.
• 각 대응각의 크기는 서로 같습니다.
• 대응점끼리 이은 선분은 대칭축과 수직입니다.
• 각 대응점은 대칭축으로부터 같은 거리만큼 떨어져 있습니다.

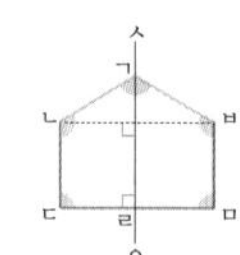

선대칭도형 그리기

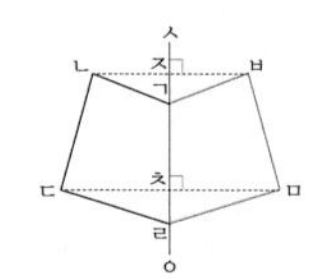

① 점 ㄴ에서 대칭축 ㅅㅇ에 수선을 긋고, 대칭축과 만나는 점을 찾아 점 ㅈ으로 표시합니다.
② 이 수선에 선분 ㄴㅈ과 길이가 같게 되도록 점 ㄴ의 대응점을 찾아 점 ㅂ으로 표시합니다.
③ 위와 같은 방법으로 점 ㄷ의 대응점을 찾아 점 ㅁ으로 표시합니다.
④ 각각의 점들을 차례로 이어 선대칭도형이 되도록 그립니다.

1 선대칭도형을 모두 찾아 기호를 써 보세요.

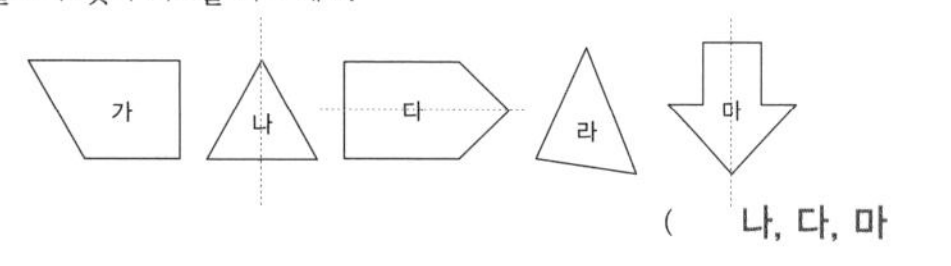

(나, 다, 마)

2 다음은 선대칭도형입니다. 대칭축을 그어 보세요.

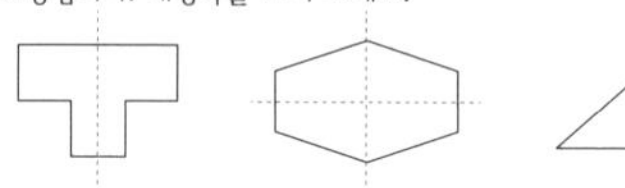

3 직선 가를 대칭축으로 하는 선대칭도형입니다. □ 안에 알맞은 수를 써넣으세요.

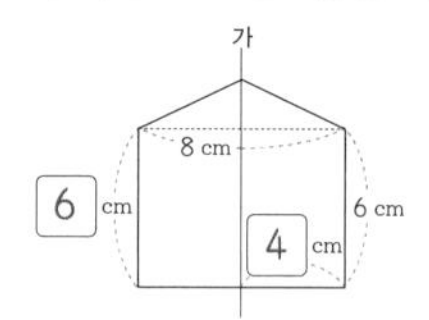

4 선대칭도형을 완성하려고 합니다. 물음에 답하세요.

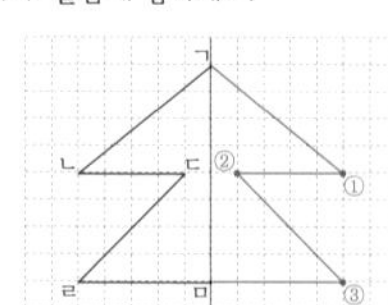

❶ 점 ㄴ의 대응점을 찾아 표시해 보세요.
❷ 점 ㄷ의 대응점을 찾아 표시해 보세요.
❸ 점 ㄹ의 대응점을 찾아 표시해 보세요.
❹ 대응점을 이어 선대칭도형을 완성해 보세요.

3. 합동과 대칭

점대칭도형과 그 성질 알아보기

점대칭도형 알아보기

• 한 도형을 어떤 점을 중심으로 180° 돌렸을 때 처음 도형과 완전히 겹치면 이 도형을 점대칭도형이라고 합니다. 이때 그 점을 대칭의 중심이라고 합니다.

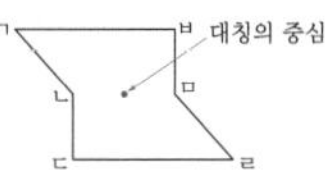

• 대칭의 중심을 중심으로 180° 돌렸을 때
겹치는 점: 대응점 ➡ (점 ㄱ, 점 ㄹ), (점 ㄴ, 점 ㅁ), (점 ㄷ, 점 ㅂ)
겹치는 변: 대응변 ➡ (변 ㄱㄴ, 변 ㄹㅁ), (변 ㄴㄷ, 변 ㅁㅂ), (변 ㄱㅂ, 변 ㄹㄷ)
겹치는 각: 대응각 ➡ (각 ㅂㄱㄴ, 각 ㄷㄹㅁ), (각 ㄴㄷㄹ, 각 ㅁㅂㄱ)

점대칭도형의 성질

• 각 대응변의 길이는 서로 같습니다.
• 각 대응각의 크기는 서로 같습니다.
• 각 대응점은 대칭의 중심으로부터 같은 거리만큼 떨어져 있습니다.

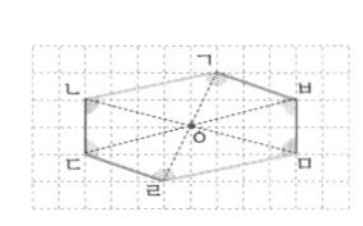

점대칭도형 그리기

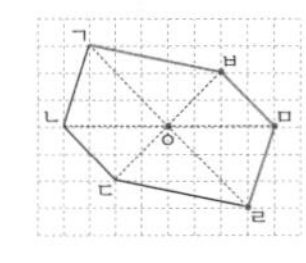

① 점 ㄴ에서 대칭의 중심인 점 ㅇ을 지나는 직선을 긋습니다.
② 이 직선에 선분 ㄴㅇ과 길이가 같게 되도록 점 ㄴ의 대응점을 찾아 점 ㅁ으로 표시합니다.
③ 위와 같은 방법으로 점 ㄷ의 대응점을 찾아 점 ㅂ으로 표시합니다.
④ 각각의 점들을 차례로 이어 점대칭도형이 되도록 그립니다.

1 점대칭도형을 모두 찾아 ○표 하세요.

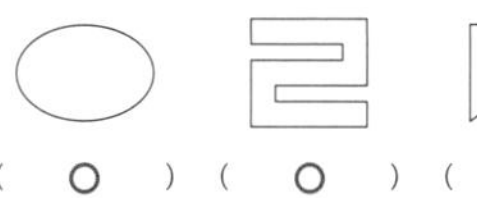  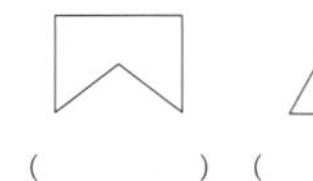 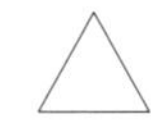 

(○) (○) ( ) ( ) (○)

▶ 어떤 점을 중심으로 180° 돌렸을 때 완전히 겹치는 도형을 점대칭도형이라고 합니다.

2 점대칭도형을 보고 대응점, 대응변, 대응각을 찾아 빈칸에 알맞게 써넣으세요.

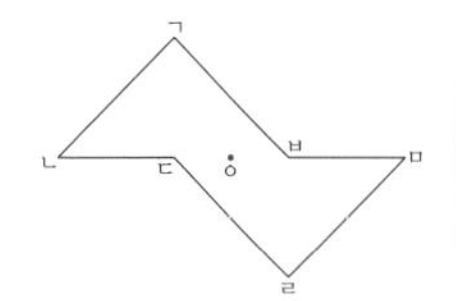

대응점	점 ㄱ	점 ㄹ
대응변	변 ㄱㄴ	변 ㄹㅁ
대응각	각 ㄱㄴㄷ	각 ㄹㅁㅂ

3 점 ㅇ을 대칭의 중심으로 하는 점대칭도형입니다. □ 안에 알맞게 써넣으세요.

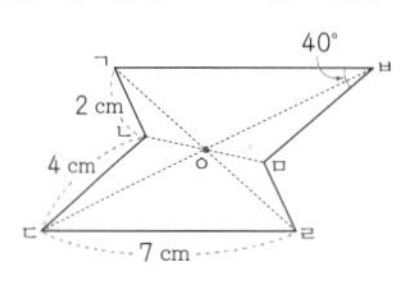

❶ 변 ㅁㄹ의 길이는 [2] cm이고 변 ㄱㅂ의 길이는 [7] cm입니다.

❷ 각 ㄴㄷㄹ의 크기는 [40]°입니다.

❸ 대응점끼리 이은 선분은 모두 점 [ㅇ]을 지납니다.

4 점대칭도형을 완성하려고 합니다. 물음에 답하세요.

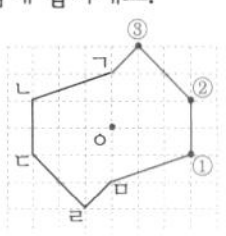

❶ 점 ㄴ의 대응점을 찾아 표시해 보세요.
❷ 점 ㄷ의 대응점을 찾아 표시해 보세요.
❸ 점 ㄹ의 대응점을 찾아 표시해 보세요.
❹ 대응점을 이어 점대칭도형을 완성해 보세요.

3. 합동과 대칭

연습 문제

[1~2] 주어진 도형과 서로 합동인 도형을 그려 보세요.

1

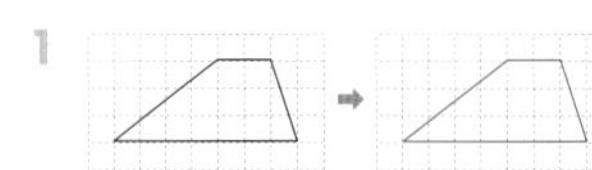

2

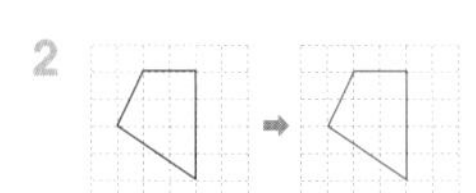

3 두 삼각형은 서로 합동입니다. □ 안에 알맞게 써넣으세요.

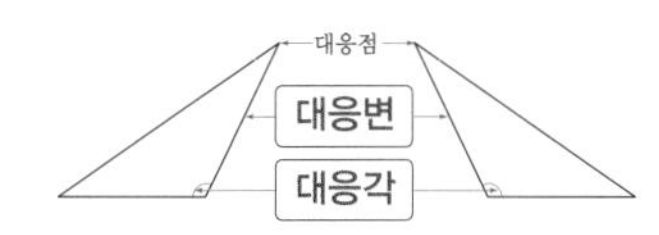

[4~5] 두 도형은 서로 합동입니다. 대응점, 대응변, 대응각을 찾아 빈칸에 알맞게 써넣으세요.

4

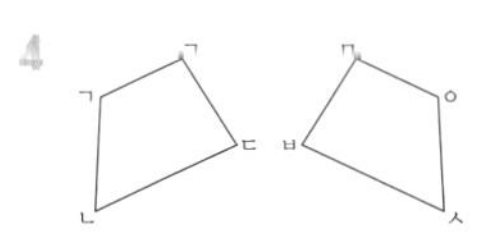

대응점	점 ㄱ	점 ㅇ
대응변	변 ㄹㄷ	변 ㅁㅂ
대응각	각 ㄴㄷㄹ	각 ㅅㅂㅁ

5

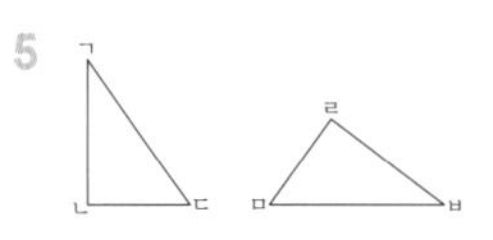

대응점	점 ㄴ	점 ㄹ
대응변	변 ㄱㄷ	변 ㅂㅁ
대응각	각 ㄴㄷㄱ	각 ㄹㅁㅂ

6 선대칭도형을 보고 대응점, 대응변, 대응각을 찾아 빈칸에 알맞게 써넣으세요.

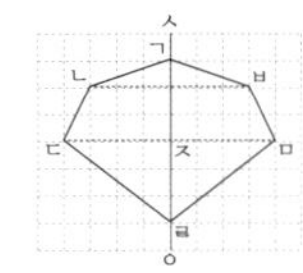

대응점	점 ㄷ	점 ㅁ
대응변	변 ㄷㄹ	변 ㅁㄹ
대응각	각 ㄴㄷㄹ	각 ㅂㅁㄹ

7 점대칭도형을 보고 대응점, 대응변, 대응각을 찾아 빈칸에 알맞게 써넣으세요.

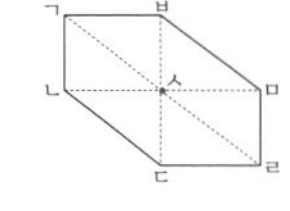

대응점	점 ㄱ	점 ㄹ
대응변	변 ㄱㅂ	변 ㄹㄷ
대응각	각 ㄱㅂㅁ	각 ㄹㄷㄴ

[8~9] 선대칭도형을 완성해 보세요.

8

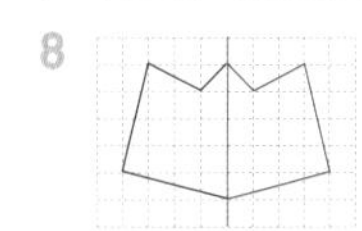

9

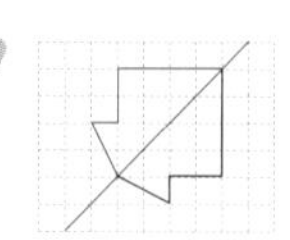

[10~11] 점대칭도형을 완성해 보세요.

10

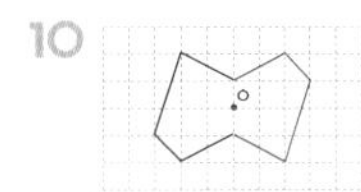

11

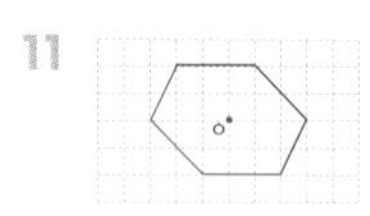

[12~13] 다음은 선대칭도형입니다. □ 안에 알맞은 수를 써넣으세요.

12

13

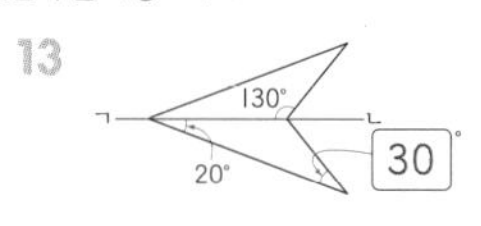

▶ 삼각형 세 각의 크기의 합은 180°입니다.

50~51쪽

단원 평가

1 아래처럼 종이 두 장을 포개어 놓고 도형을 오렸을 때 두 도형은 합동입니다. □ 안에 알맞은 말을 써넣으세요.

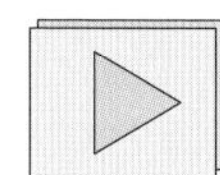

모양 와/과 크기 이/가 같기 때문에 두 도형은 서로 합동입니다.

2 왼쪽 도형과 서로 합동인 도형을 그려 보세요.

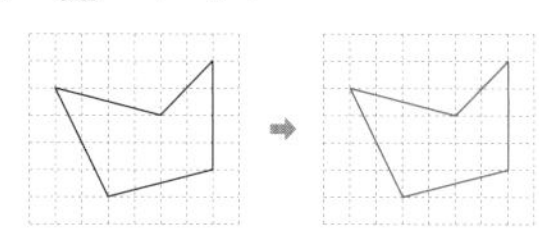

3 다음은 선대칭도형입니다. 대칭축을 모두 그어 보세요.

❶ 

❷ 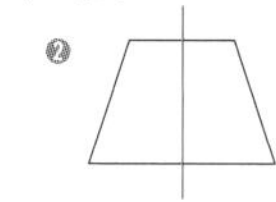

4 삼각형 ㄱㄴㄷ과 삼각형 ㄹㅁㅂ이 서로 합동일 때 삼각형 ㄹㅁㅂ의 둘레의 길이는 몇 cm인지 구해 보세요.

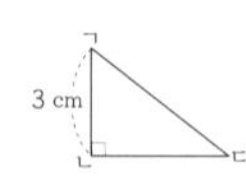

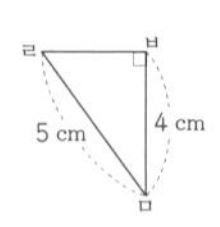

(12) cm

▶ 변 ㄹㅂ의 길이는 3 cm입니다.

5 도형을 보고 물음에 답하세요.

❶ 선대칭도형을 모두 찾아 기호를 써 보세요.

(㉠, ㉢, ㉤)

❷ 점대칭도형을 모두 찾아 기호를 써 보세요.

(㉡, ㉢, ㉤)

6 사각형 ㄱㄴㄷㄹ과 사각형 ㅁㅂㅅㅇ은 서로 합동입니다. 물음에 답하세요.

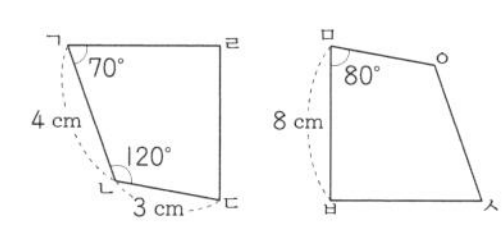

❶ 각 ㄴㄷㄹ의 대응각을 찾아 써 보세요.

(각 ㅇㅁㅂ)

❷ 각 ㄱㄹㄷ은 몇 도인지 구해 보세요.

▶ 각 ㄴㄷㄹ의 크기는 80°입니다. 사각형 네 각의 합은 360°이므로 각 ㄱㄹㄷ은 360−(70+120+8)=90(°)입니다.

(90)°

❸ 변 ㅇㅅ의 길이는 몇 cm인지 구해 보세요.

(4) cm

7 점대칭도형을 완성해 보세요.

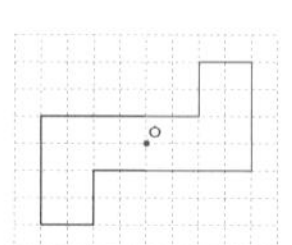

52~53쪽

실력 키우기

1 점 ㅈ을 대칭의 중심으로 하는 점대칭도형입니다. 이 도형의 둘레의 길이는 몇 cm인지 구해 보세요.

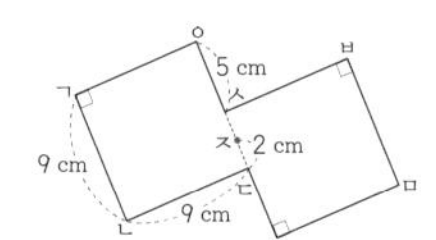

(64) cm

▶ 변 ㄱㅇ의 길이는 9 cm입니다.
(9×6)+(5×2)=54+10=64 (cm)

2 오른쪽은 선분 ㄱㄹ을 대칭축으로 하는 선대칭도형입니다. 삼각형 ㄱㄴㄷ의 넓이가 40 cm^2일 때 변 ㄴㄹ의 길이는 몇 cm인지 구해 보세요.

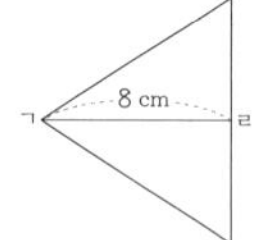

(5) cm

▶ (삼각형 ㄱㄴㄷ의 넓이)=(변 ㄴㄷ의 길이)×8÷2입니다. 변 ㄴㄷ의 길이를 □ cm라 하면 □×8÷2=40, □=10이므로 변 ㄴㄹ의 길이는 10÷2=5 (cm)입니다.

3 삼각형 ㄱㄴㄷ과 삼각형 ㄷㄹㅁ은 서로 합동입니다. 각 ㄱㄷㅁ은 몇 도인지 풀이 과정을 쓰고 답을 구해 보세요.

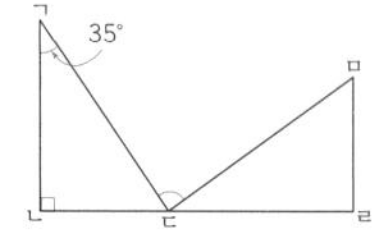

풀이 각 ㄱㄷㄴ의 크기는 180°−(90°+35°)=55°입니다. 각 ㅁㄷㄹ의 크기는 35°입니다. 따라서 각 ㄱㄷㅁ의 크기는 180°−(55°+35°)=90°입니다.

답 90 °

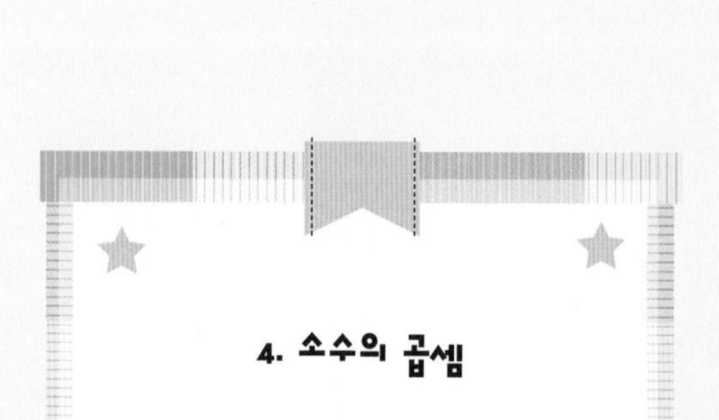

4. 소수의 곱셈

- (1보다 작은 소수) × (자연수) 알아보기
- (1보다 큰 소수) × (자연수) 알아보기
- (자연수) × (1보다 작은 소수) 알아보기
- (자연수) × (1보다 큰 소수) 알아보기
- (1보다 작은 소수) × (1보다 작은 소수)
- (1보다 큰 소수) × (1보다 큰 소수)
- 곱의 소수점 위치의 규칙

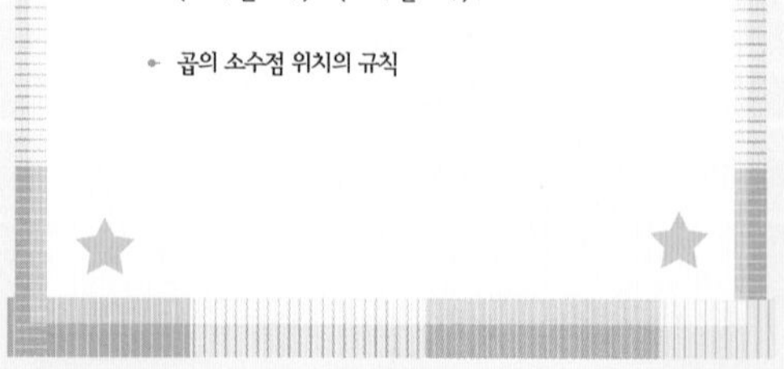

4. 소수의 곱셈

(1보다 작은 소수) × (자연수) 알아보기

0.6×3 계산하기

방법 1 덧셈식으로 계산하기

$0.6\times3=0.6+0.6+0.6=1.8$

방법 2 분수의 곱셈으로 계산하기

$0.6\times3=\frac{6}{10}\times3=\frac{6\times3}{10}=\frac{18}{10}=1.8$

방법 3 0.1의 개수로 계산하기

① 0.6은 0.1이 6개입니다.

② 0.6×3은 0.1이 6개씩 3묶음입니다.

➡ 0.1이 모두 18개이므로 0.6×3=1.8입니다.

1 0.4×3을 여러 가지 방법으로 계산하려고 합니다. □ 안에 알맞은 수를 써넣으세요.

❶ $0.4\times3=0.4+\boxed{0.4}+\boxed{0.4}=\boxed{1.2}$

❷ $0.4\times3=\frac{\boxed{4}}{10}\times3=\frac{\boxed{4}\times\boxed{3}}{10}=\frac{\boxed{12}}{10}=\boxed{1.2}$

❸ $0.4\times3=0.1\times4\times3=0.1\times\boxed{12}$

0.1이 모두 $\boxed{12}$개이므로 $0.4\times3=\boxed{1.2}$입니다.

2 0.7×4를 서로 다른 방법으로 계산해 보세요.

방법 1 예 덧셈식으로 계산하기

0.7+0.7+0.7+0.7

=2.8

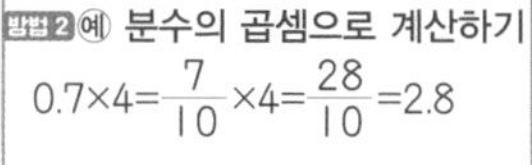

방법 2 예 분수의 곱셈으로 계산하기

$0.7\times4=\frac{7}{10}\times4=\frac{28}{10}=2.8$

3 계산해 보세요.

❶ 0.5×8=4 (4.0에서 0은 생략 가능)

❷ 0.8×6=4.8

❸ 0.35×4=1.4

❹ 0.43×7=3.01

4 계산 결과를 찾아 이어 보세요.

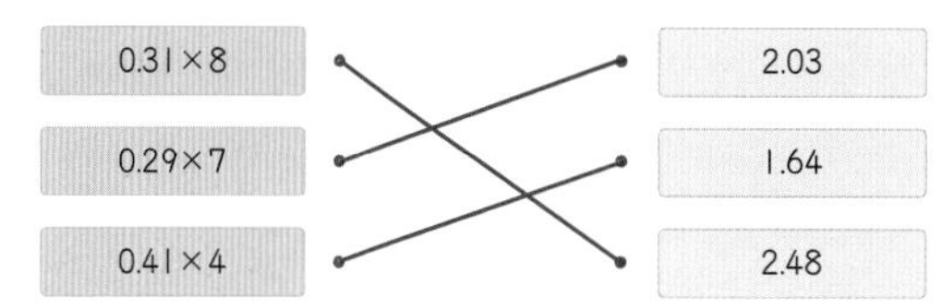

5 계산 결과를 바르게 말한 친구는 누구인지 써 보세요.

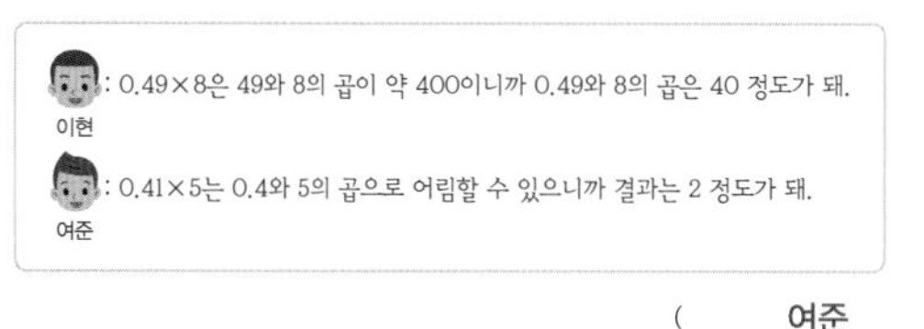

이현 : 0.49×8은 49와 8의 곱이 약 400이니까 0.49와 8의 곱은 40 정도가 돼.
여준 : 0.41×5는 0.4와 5의 곱으로 어림할 수 있으니까 결과는 2 정도가 돼.

(여준)

6 주영이는 매일 우유를 0.23 L씩 마십니다. 일주일 동안 주영이가 마신 우유의 양은 모두 몇 L인지 식을 쓰고 답을 구해 보세요.

식 0.23×7=1.61　　답 1.61 L

4. 소수의 곱셈

(1보다 큰 소수) × (자연수) 알아보기

2.3×3 계산하기

방법 1 덧셈식으로 계산하기

$2.3\times3=2.3+2.3+2.3=6.9$

방법 2 분수의 곱셈으로 계산하기

$2.3\times3=\frac{23}{10}\times3=\frac{23\times3}{10}=\frac{69}{10}=6.9$

방법 3 0.1의 개수로 계산하기

① 2.3은 0.1이 23개입니다.

② 2.3×3은 0.1이 23개씩 3묶음입니다.

➡ 0.1이 모두 69개이므로 2.3×3=6.9입니다.

1 1.4×3을 여러 가지 방법으로 계산하려고 합니다. □ 안에 알맞은 수를 써넣으세요.

❶ $1.4\times3=1.4+\boxed{1.4}+\boxed{1.4}=\boxed{4.2}$

❷ $1.4\times3=\frac{\boxed{14}}{10}\times3=\frac{\boxed{14}\times\boxed{3}}{10}=\frac{\boxed{42}}{10}=\boxed{4.2}$

❸ $1.4\times3=0.1\times14\times3=0.1\times\boxed{42}$

0.1이 모두 $\boxed{42}$개이므로 $1.4\times3=\boxed{4.2}$입니다.

2 5.6×5를 서로 다른 방법으로 계산해 보세요.

방법 1 예 덧셈식으로 계산하기

5.6+5.6+5.6+5.6+5.6

=28

방법 2 예 분수의 곱셈으로 계산하기

$5.6\times5=\frac{56}{10}\times5=\frac{56\times5}{10}$

$=\frac{280}{10}=28$

3 계산해 보세요.

❶ 7.5×4=30

❷ 6.8×5=34

❸ 3.45×8=27.6

❹ 1.32×6=7.92

4 계산 결과가 작은 것부터 차례대로 기호를 써 보세요.

㉠ 2.25×2　㉡ 1.35×5　㉢ 1.65×4　㉣ 1.45×3

(㉣, ㉠, ㉢, ㉡)

▶ ㉠ 4.5　㉡ 6.75　㉢ 6.6　㉣ 4.35

5 서준이는 매일 저녁 1.2 km를 강아지와 산책하기로 하였습니다. 6일 동안 산책한 거리가 몇 km인지 식을 쓰고 답을 구해 보세요.

식 1.2×6=7.2　　답 7.2 km

6 어느 날 멕시코와 태국의 환율이 다음과 같습니다. 5000원은 얼마인지 알맞은 단위를 골라 ○표 하고, 그렇게 생각한 이유를 어림을 이용하여 써 보세요.

우리나라 돈 1000원이 멕시코 돈 13.94 페소입니다.

우리나라 돈 1000원이 태국 돈 26.25 바트입니다.

➡ 우리나라 돈 5000원은 약 130 (페소 , (바트))입니다.

이유 26.25는 약 26이므로 26×5=130입니다.

58–59쪽

4. 소수의 곱셈

(자연수)×(1보다 작은 소수) 알아보기

2×0.6 계산하기

방법 1 자연수의 곱셈으로 계산하기

$2 \times 6 = 12$ → $\frac{1}{10}$배, $\frac{1}{10}$배 → $2 \times 0.6 = 1.2$

곱하는 소수가 1보다 작으면 계산 결과는 곱해지는 수보다 작습니다.

방법 2 분수의 곱셈으로 계산하기

$2\times0.6=2\times\frac{6}{10}=\frac{2\times6}{10}=\frac{12}{10}=1.2$

1 8×0.3을 두 가지 방법으로 계산하려고 합니다. □ 안에 알맞은 수를 써넣으세요.

❶ 자연수의 곱셈으로 계산하기

$8 \times 3 = 24$ → $\frac{1}{10}$배, $\frac{1}{10}$배 → $8 \times 0.3 = 2.4$

❷ 분수의 곱셈으로 계산하기

$8\times0.3=8\times\frac{3}{10}=\frac{8\times3}{10}=\frac{24}{10}=2.4$

2 6×0.4를 서로 다른 방법으로 계산해 보세요.

방법 1 예 자연수의 곱셈으로 계산하기
6×4=24를 이용하면
6×0.4=2.4입니다.

방법 2 예 분수의 곱셈으로 계산하기
$6\times0.4=6\times\frac{4}{10}=\frac{6\times4}{10}=\frac{24}{10}=2.4$

3 계산해 보세요.

❶ 10×0.4=4 ❷ 12×0.6=7.2
❸ 4×0.24=0.96 ❹ 6×0.25=1.5

4 계산 결과를 비교하여 ○ 안에 >, =, <를 알맞게 써넣으세요.

❶ 6×0.4 (>) 6×0.3 ❷ 12×0.8 (>) 22×0.3

▶ 6×0.4=2.4, 6×0.3=1.8 ▶ 12×0.8=9.6, 22×0.3=6.6

5 어림하여 계산 결과가 5보다 큰 것을 찾아 기호를 써 보세요.

㉠ 5×0.93 ㉡ 7의 0.65배 ㉢ 10의 0.54

(㉢)

6 금성에서 잰 몸무게는 지구에서 잰 몸무게의 약 0.91배라고 합니다. 지구에서 몸무게가 40 kg인 성우가 금성에서 몸무게를 재면 약 몇 kg인지 식을 쓰고 답을 구해 보세요.

식 40×0.91=36.4 답 36.4 kg

7 유진이는 하루 동안 2 L의 0.47배만큼 물을 마셨고 가윤이는 하루 동안 3 L의 0.28배만큼 물을 마셨습니다. 두 사람 중 누가 물을 더 많이 마셨는지 구해 보세요.

(유진)

▶ 유진: 2×0.47=0.94 (L)
가윤: 3×0.28=0.84 (L)

60–61쪽

4. 소수의 곱셈

(자연수)×(1보다 큰 소수) 알아보기

6×1.2 계산하기

방법 1 자연수의 곱셈으로 계산하기

$6 \times 12 = 72$ → $\frac{1}{10}$배, $\frac{1}{10}$배 → $6 \times 1.2 = 7.2$

곱하는 소수가 1보다 크면 계산 결과는 곱해지는 수보다 큽니다.

방법 2 분수의 곱셈으로 계산하기

$6\times1.2=6\times\frac{12}{10}=\frac{6\times12}{10}=\frac{72}{10}=7.2$

1 2×1.08을 두 가지 방법으로 계산하려고 합니다. □ 안에 알맞은 수를 써넣으세요.

❶ 자연수의 곱셈으로 계산하기

$2 \times 108 = 216$ → $\frac{1}{100}$배, $\frac{1}{100}$배 → $2 \times 1.08 = 2.16$

❷ 분수의 곱셈으로 계산하기

$2\times1.08=2\times\frac{108}{100}=\frac{2\times108}{100}=\frac{216}{100}=2.16$

2 6×2.5를 서로 다른 방법으로 계산해 보세요.

방법 1 예 자연수의 곱셈으로 계산하기
6×25=150을 이용하면
6×2.5=15

방법 2 예 분수의 곱셈으로 계산하기
$6\times2.5=6\times\frac{25}{10}=\frac{150}{10}=15$

3 계산해 보세요.

❶ 8×2.4=19.2 ❷ 15×1.6=24
❸ 6×3.14=18.84 ❹ 10×4.13=41.3

4 어림하여 계산 결과가 8보다 큰 식을 찾아 기호를 써 보세요.

㉠ 2의 3.98 ㉡ 4×1.98 ㉢ 3×2.02 ㉣ 2×4.1

(㉣)

5 태연이는 매일 아침 둘레가 1.45 km인 공원을 한 바퀴 산책합니다. 태연이가 일주일 동안 산책한 거리는 몇 km인지 식을 쓰고 답을 구해 보세요.

식 1.45×7=10.15 답 10.15 km

6 평행사변형의 넓이는 몇 cm^2인지 구해 보세요.

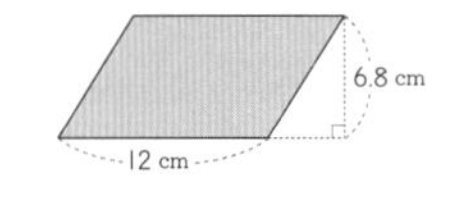

(81.6) cm^2

▶ 12×6.8=81.6 (cm^2)

7 달팽이는 10초 동안 9.8 cm 이동할 수 있다고 합니다. 달팽이가 1분 동안 이동할 수 있는 거리는 몇 cm인지 식을 쓰고 답을 구해 보세요.

식 9.8×6=58.8 답 58.8 cm

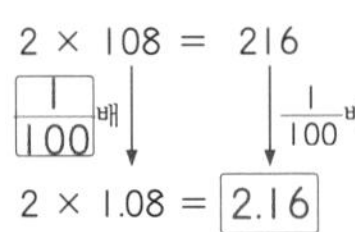

4. 소수의 곱셈

(1보다 작은 소수)×(1보다 작은 소수)

0.8×0.9 계산하기

방법1 자연수의 곱셈으로 계산하기

8 × 9 = 72
↓$\frac{1}{10}$배 ↓$\frac{1}{10}$배 ↓$\frac{1}{100}$배
0.8 × 0.9 = 0.72

방법2 분수의 곱셈으로 계산하기

$0.8\times0.9=\frac{8}{10}\times\frac{9}{10}=\frac{8\times9}{100}=\frac{72}{100}=0.72$

1 0.6×0.8을 그림을 그려서 계산하려고 합니다. 곱셈식에 맞게 색칠하고, □ 안에 알맞은 수를 써넣으세요.

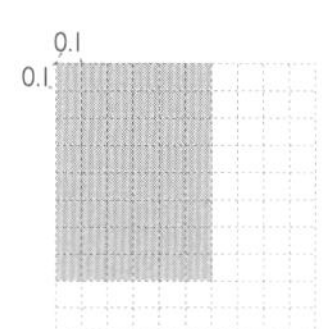

가로를 0.6만큼 색칠하고, 세로를 0.8만큼 색칠하면 48 칸이 색칠되는데 한 칸의 넓이가 0.01 이므로 0.6×0.8= 0.48 입니다.

2 0.4×0.7을 서로 다른 방법으로 계산해 보세요.

방법1 예 자연수의 곱셈으로 계산하기
4 × 7 = 28을 이용하면
↓$\frac{1}{10}$배 ↓$\frac{1}{10}$배 ↓$\frac{1}{100}$배
0.4×0.7=0.28

방법2 예 분수의 곱셈으로 계산하기
$0.4\times0.7=\frac{4}{10}\times\frac{7}{10}=\frac{28}{100}$
=0.28

3 계산해 보세요.

❶ 0.5×0.3=0.15 ❷ 0.4×0.5=0.2
❸ 0.8×0.9=0.72 ❹ 0.15×0.2=0.03

4 어림하여 0.46×0.61의 값을 바르게 계산한 것을 찾아 기호를 써 보세요.

(㉣)

▶ 46×61=2806을 이용합니다.

5 계산 결과를 비교하여 ○ 안에 >, =, <를 알맞게 써넣으세요.

❶ 0.32×0.25 (0.08) < 0.29×0.3 (0.087)
❷ 0.4×0.61 (0.244) > 0.52×0.45 (0.234)

6 계산 결과의 소수점 아래 자릿수가 다른 하나를 찾아 ○표 하세요.

0.2×0.23	0.65×0.4	0.42×0.55
0.046	0.26	0.231
( )	(○)	( )

7 시리얼 한 봉지는 0.7 kg입니다. 그중 0.18만큼이 단백질일 때 단백질 성분은 몇 kg인지 식을 쓰고 답을 구해 보세요.

식 0.7×0.18=0.126　답 0.126 kg

4. 소수의 곱셈

(1보다 큰 소수)×(1보다 큰 소수)

1.5×1.2 계산하기

방법1 자연수의 곱셈으로 계산하기

15 × 12 = 180
↓$\frac{1}{10}$배 ↓$\frac{1}{10}$배 ↓$\frac{1}{100}$배
1.5 × 1.2 = 1.8

방법2 분수의 곱셈으로 계산하기

$1.5\times1.2=\frac{15}{10}\times\frac{12}{10}=\frac{15\times12}{100}=\frac{180}{100}=1.8$

1 3.4×2.3을 서로 다른 방법으로 계산해 보세요.

방법1 예 자연수의 곱셈으로 계산하기
34×23=782를 이용하면
↓$\frac{1}{10}$배 ↓$\frac{1}{10}$배 ↓$\frac{1}{100}$배
3.4×2.3=7.82

방법2 예 분수의 곱셈으로 계산하기
$3.4\times2.3=\frac{34}{10}\times\frac{23}{10}=\frac{782}{100}$
=7.82

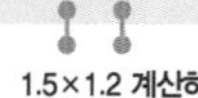

2 어림하여 계산 결과가 9보다 큰 것을 찾아 기호를 써 보세요.

㉠ 8.9의 0.9　㉡ 3.9의 2.1　㉢ 5.1×1.8　㉣ 4.9×1.5

(㉢)

▶ ㉠ 8.01　㉡ 8.19　㉢ 9.18　㉣ 7.35

3 계산해 보세요.

❶ 4.6×5.3=24.38 ❷ 7.8×2.4=18.72

❸ 4.3 × 3.1 = 13.33 ❹ 2.5 × 4.9 = 12.25

4 곱을 어림하여 소수점을 바르게 찍어 보세요.

23.2×4.35=1□0□0□9□2　2.06×7.85=1□6□1□7□1

5 빈칸에 알맞은 수를 써넣으세요.

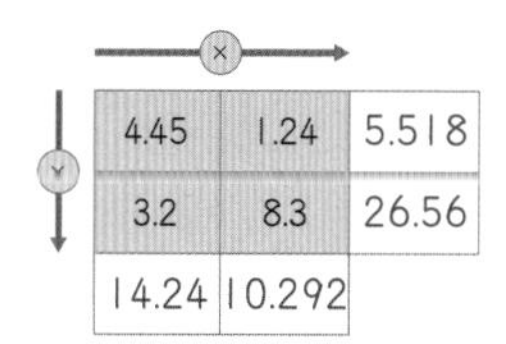

× →		
4.45	1.24	5.518
3.2	8.3	26.56
14.24	10.292	

6 가장 큰 수와 가장 작은 수의 곱을 구해 보세요.

8.5　7.08　0.32　14.1

(4.512)

▶ 가장 큰 수는 14.1, 가장 작은 수는 0.32
14.1×0.32=4.512

7 직사각형 모양 색지의 가로는 1.7 cm이고 세로는 가로의 3배입니다. 이 직사각형의 넓이는 몇 cm^2인지 구해 보세요.

(8.67) cm^2

▶ 세로의 길이는 1.7×3=5.1 (cm)입니다.
따라서 직사각형의 넓이는 1.7×5.1=8.67 (cm^2)입니다.

4. 소수의 곱셈

곱의 소수점 위치의 규칙

자연수와 소수의 곱셈에서 곱의 소수점 위치의 규칙 찾기

2.14×1=2.14
2.14×10=21.4
2.14×100=214
2.14×1000=2140

곱하는 수의 0이 하나씩 늘어날 때마다 곱의 소수점이 오른쪽으로 한 자리씩 옮겨집니다.

214×1=214
214×0.1=21.4
214×0.01=2.14
214×0.001=0.214

곱하는 소수의 소수점 아래 자리 수가 하나씩 늘어날 때마다 곱의 소수점이 왼쪽으로 한 자리씩 옮겨집니다.

소수끼리의 곱셈에서 곱의 소수점 위치의 규칙 찾기

7×5=35
0.7×0.5=0.35
0.7×0.05=0.035
0.07×0.05=0.0035

자연수끼리 곱한 결과에 곱하는 두 수의 소수점 아래 자리 수를 더한 것만큼 소수점을 왼쪽으로 옮깁니다.

1 □ 안에 알맞은 수를 써넣으세요.

❶ 3.12×1=3.12
3.12×10=31.2
3.12×100=312
3.12×1000=3120

❷ 854×1=854
854×0.1=85.4
854×0.01=8.54
854×0.001=0.854

2 보기를 이용하여 계산해 보세요.

보기 15×13=195

❶ 15×1.3=19.5 ❷ 1.5×0.13=0.195 ❸ 0.15×0.13=0.0195

3 계산 결과가 다른 하나를 찾아 기호를 써 보세요.

㉠ 12.8×0.045 ㉡ 0.128×4.5 ㉢ 1.28×0.45 ㉣ 12.8×4.5

(㉣)

4 보기를 이용하여 식을 완성해 보세요.

❶ 보기 34×21=714
0.34×21=7.14
3.4×2.1=7.14
340×210=71400

❷ 보기 64×49=3136
6.4×0.49=3.136
0.64×49=31.36
6.4×49=313.6

5 다음 식에서 ㉠×㉡의 값은 얼마인지 풀이 과정을 쓰고, 답을 구해 보세요.

0.248×㉠=24.8
㉡×0.01=0.36

풀이 예 0.248×100=24.8이므로 ㉠=100, 36×0.01=0.36이므로 ㉡=36입니다. ㉠×㉡=100×36=3600

답 3600

4. 소수의 곱셈

연습 문제

[1~20] 소수의 곱셈을 계산해 보세요.

1 0.5×7=3.5
2 0.3×4=1.2
3 0.63×5=3.15
4 0.35×7=2.45
5 9.6×3=28.8
6 4.35×5=21.75
7 5×0.6=3
8 9×0.8=7.2
9 3×0.65=1.95
10 4×0.38=1.52
11 4×6.2=24.8
12 16×4.5=72
13 0.5×0.6=0.3
14 0.9×0.43=0.387
15 0.85×0.4=0.34
16 0.57×0.72=0.4104
17 1.5×1.9=2.85
18 8.4×9.5=79.8
19 6.8×4.31=29.308
20 9.13×3.18=29.0334

[21~24] □ 안에 알맞은 수를 써넣으세요.

21 3×7=21
0.3×0.7=0.21
0.3×0.07=0.021
0.03×0.07=0.0021
0.03×0.007=0.00021

22 4×8=32
40×0.8=32
0.4×0.8=0.32
0.04×0.08=0.0032
0.04×80=3.2

23 12×5=60
1.2×5=6
12×0.5=6
120×0.05=6
0.12×0.05=0.006

24 4×25=100
0.4×25=10
0.4×2.5=1
0.4×0.25=0.1
0.04×0.25=0.01

[25~26] □ 안에 알맞은 수를 써넣어 식을 완성해 보세요.

25 34×56=1904
3.4×0.56=1.904
3.4×0.056=0.1904
340×0.0056=1.904
0.0034×5600=19.04
0.34×560=190.4

26 40×20=800
400×0.2=80
40000×0.02=800
400×0.002=0.8
4×0.002=0.008
0.04×200=8

4. 소수의 곱셈

단원 평가

1 0.5×0.6을 두 가지 방법으로 계산하려고 합니다. □ 안에 알맞은 수를 써넣으세요.

❶ $0.5\times0.6=\frac{5}{10}\times\frac{6}{10}=\frac{30}{100}=0.3$

❷ 5 × 6 = 30 → $\frac{1}{10}$배, $\frac{1}{10}$배, $\frac{1}{100}$배 → 0.5 × 0.6 = 0.3

2 계산 결과를 비교하여 ○ 안에 >, =, <를 알맞게 써넣으세요.

❶ 1.2×3.4 < 2.1×2.6 (4.08, 5.46)
❷ 4.3×0.2 < 3.8×0.4 (0.86, 1.52)

3 계산 결과가 같은 것끼리 선으로 이어 보세요.

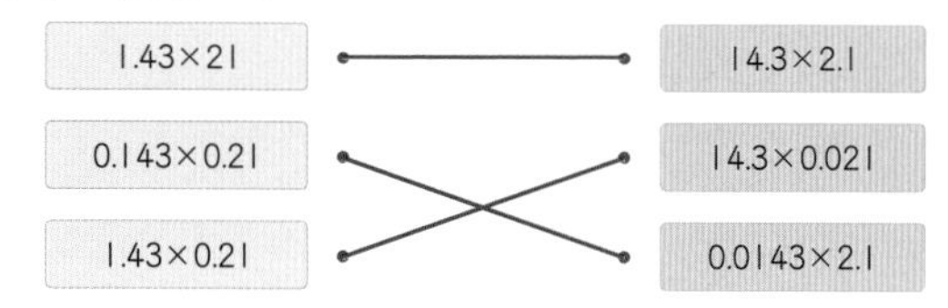

1.43×21
0.143×0.21
1.43×0.21
14.3×2.1
14.3×0.021
0.0143×2.1

4 보기를 이용하여 식을 완성해 보세요.

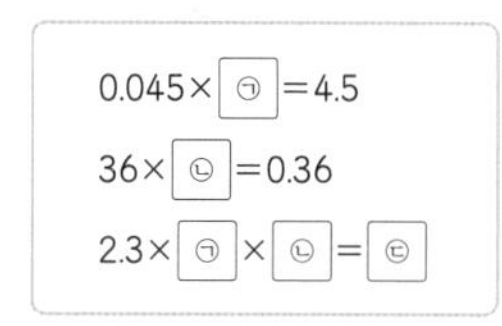

4.6×0.121=0.5566

5 가장 큰 수와 가장 작은 수의 곱을 구해 보세요.

0.01 0.8 0.15 0.9

(0.009)

▶ 0.9×0.01=0.009

6 ㉡은 ㉠의 몇 배인지 구해 보세요.

㉠ 0.75의 4배 (3) ㉡ 75×0.004 (0.3)

(0.1)배

7 지민이네 강아지의 몸무게는 4.96 kg이고 서준이네 고양이는 지민이네 강아지의 몸무게의 0.7배입니다. 서준이네 고양이는 몇 kg인지 구해 보세요.

(3.472) kg

▶ 4.96×0.7=3.472

8 직사각형의 가로는 0.56 m이고 세로는 가로의 0.3배입니다. 이 직사각형의 둘레는 몇 m인지 구해 보세요.

(1.456) m

▶ 세로의 길이는 0.56×0.3=0.168 (m)입니다.
직사각형의 둘레는 (가로+세로)×2이므로 (0.56+0.168)×2=1.456 (m)입니다.

9 □ 안에 들어갈 수 있는 자연수를 모두 구해 보세요.

2×2.1<□<1.05×9

(5, 6, 7, 8, 9)

▶ 4.2<□<9.45이므로 □ 안에는 5, 6, 7, 8, 9가 들어갈 수 있습니다.

4. 소수의 곱셈

실력 키우기

1 아래 식에서 ㉢의 값을 구해 보세요.

0.045×㉠=4.5
36×㉡=0.36
2.3×㉠×㉡=㉢

(2.3)

▶ ㉠: 100 ㉡: 0.01
2.3×100×0.01=2.3

2 길이가 0.54 m인 끈을 지호는 1000개 가지고 있고 민하는 100개 가지고 있습니다. 지호와 민하가 가지고 있는 끈의 길이의 합은 얼마인지 구해 보세요.

(594) m

▶ 지호는 0.54×1000=540 (m), 민하는 0.54×100=54 (m) 가지고 있습니다.

3 직사각형의 세로는 1.35 m이고 가로는 세로의 4배입니다. 이 직사각형의 넓이는 몇 m²인지 풀이 과정을 쓰고 답을 구해 보세요.

풀이 예 직사각형의 넓이는 (가로)×(세로)입니다.
가로는 1.35×4=5.4 (m)이므로 넓이는 1.35×5.4=7.29 (m²)입니다.

답 7.29 m²

4 길이가 30 cm인 양초가 있습니다. 이 양초는 한 시간에 4.5 cm씩 일정한 빠르기로 탄다고 합니다. 양초에 불을 붙여 45분 동안 태웠다면 타고 남은 양초의 길이는 몇 cm인지 풀이 과정을 쓰고 답을 구해 보세요.

풀이 예 45분은 $\frac{3}{4}$시간입니다. $\frac{3}{4}$=0.75이므로 4.5×0.75=3.375 (cm) 탔습니다. 따라서 남은 양초의 길이는 30−3.375=26.625 (cm)입니다.

답 26.625 cm

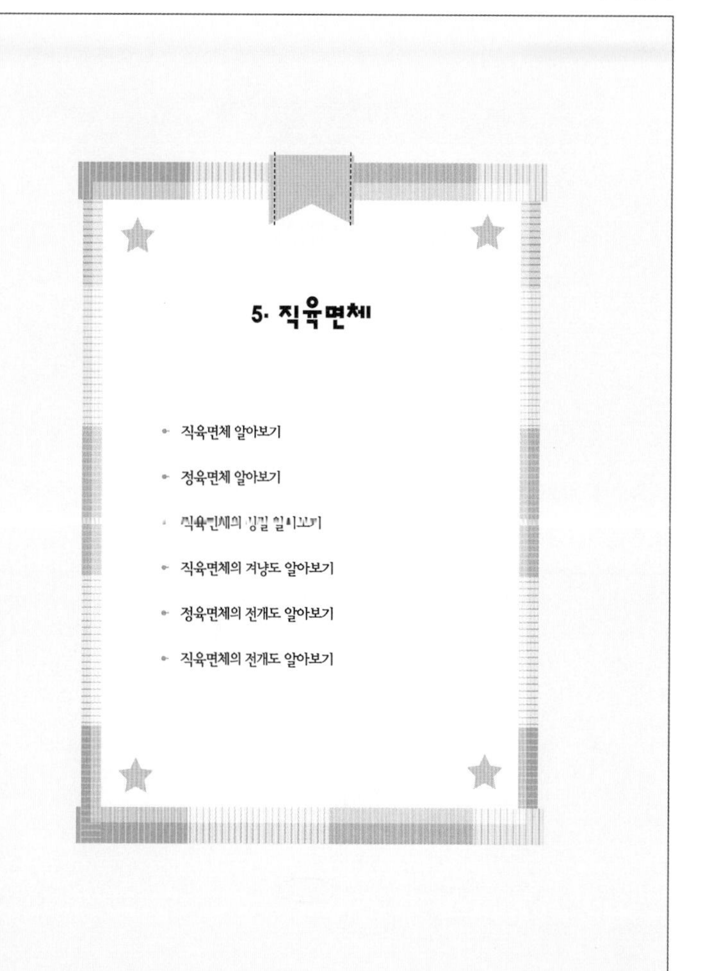

5. 직육면체
직육면체 알아보기
정육면체 알아보기
직육면체의 성질 알아보기
직육면체의 겨냥도 알아보기
정육면체의 전개도 알아보기
직육면체의 전개도 알아보기

74–75쪽

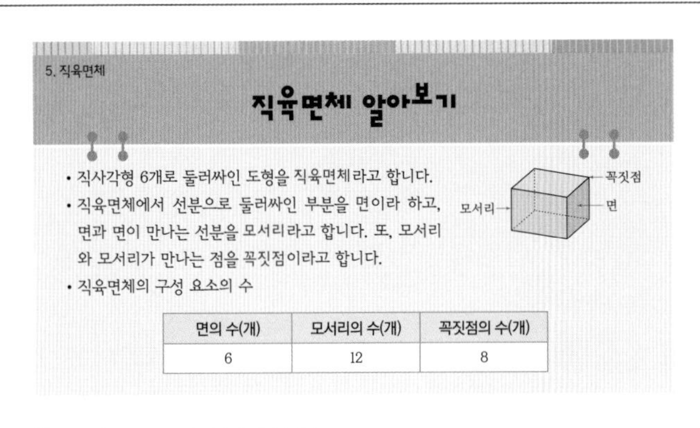

5. 직육면체

직육면체 알아보기

- 직사각형 6개로 둘러싸인 도형을 직육면체라고 합니다.
- 직육면체에서 선분으로 둘러싸인 부분을 면이라 하고, 면과 면이 만나는 선분을 모서리라고 합니다. 또, 모서리와 모서리가 만나는 점을 꼭짓점이라고 합니다.
- 직육면체의 구성 요소의 수

면의 수(개)	모서리의 수(개)	꼭짓점의 수(개)
6	12	8

1 그림을 보고 □ 안에 알맞게 써넣으세요.

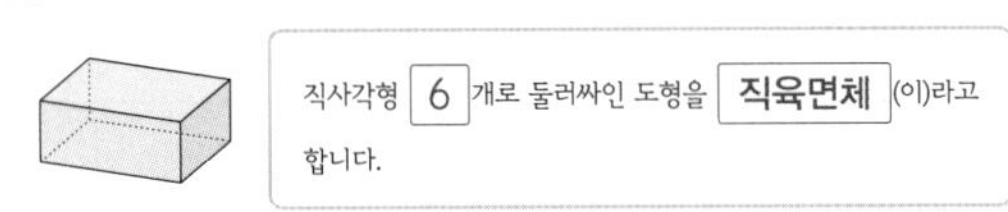

직사각형 6 개로 둘러싸인 도형을 직육면체 (이)라고 합니다.

2 직육면체의 각 부분의 이름을 □ 안에 알맞게 써넣으세요.

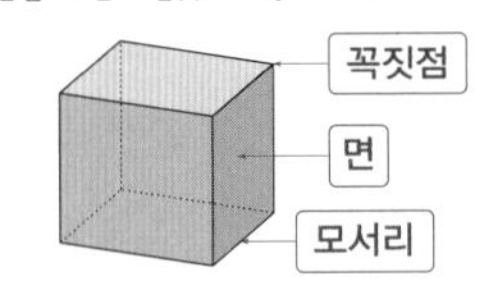

3 직육면체인 것을 모두 찾아 ○표 하세요.

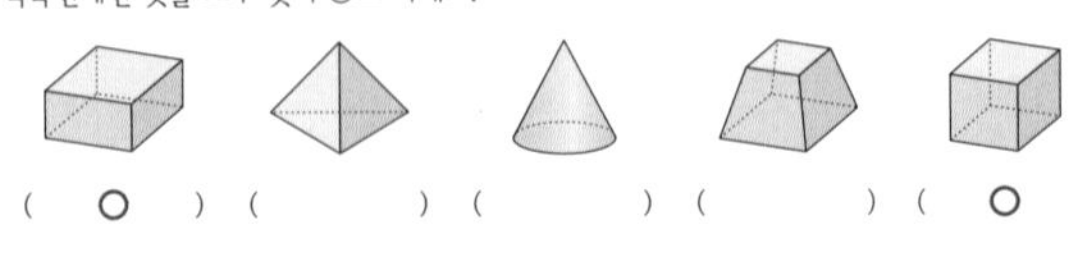

(○) ( ) ( ) ( ) (○)

4 직육면체의 면이 될 수 있는 도형을 모두 찾아 기호를 써 보세요.

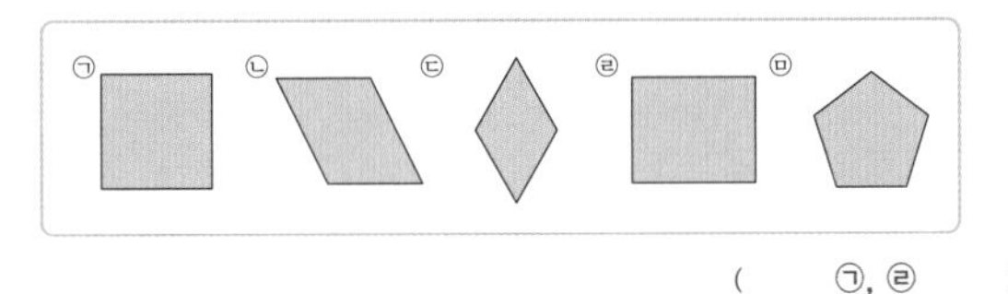

(㉠, ㉣)

5 친구들의 대화를 읽고 바르게 말한 친구의 이름을 모두 써 보세요.

(채린, 희수)

6 직육면체의 면, 모서리, 꼭짓점의 수의 합을 구해 보세요.

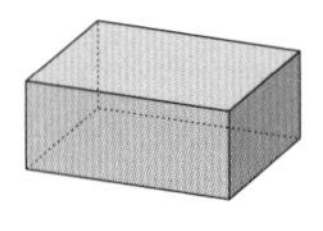

(26)

7 다음 도형이 직육면체가 아닌 이유를 써 보세요.

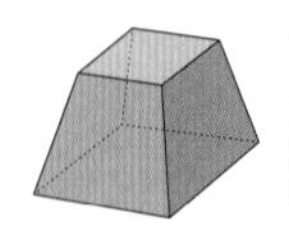

이유 예) 직사각형 6개로 둘러싸인 도형이 아닙니다.

76–77쪽

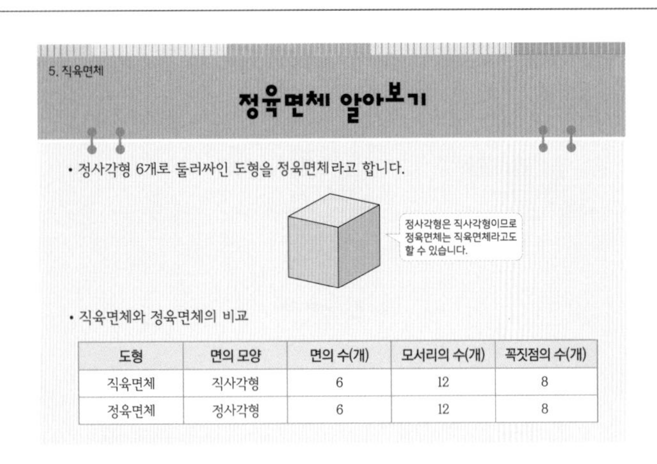

5. 직육면체

정육면체 알아보기

- 정사각형 6개로 둘러싸인 도형을 정육면체라고 합니다.

정사각형은 직사각형이므로 정육면체는 직육면체라고도 할 수 있습니다.

- 직육면체와 정육면체의 비교

도형	면의 모양	면의 수(개)	모서리의 수(개)	꼭짓점의 수(개)
직육면체	직사각형	6	12	8
정육면체	정사각형	6	12	8

1 그림을 보고 □ 안에 알맞게 써넣으세요.

정사각형 6 개로 둘러싸인 도형을 정육면체 (이)라고 합니다.

2 그림을 보고 알맞은 말에 ○표 하세요.

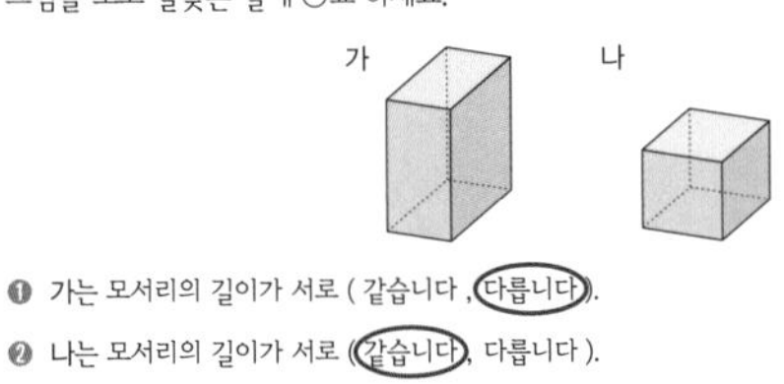

❶ 가는 모서리의 길이가 서로 (같습니다 , (다릅니다)).

❷ 나는 모서리의 길이가 서로 ((같습니다), 다릅니다).

3 직육면체와 정육면체를 찾아 표를 완성해 보세요.

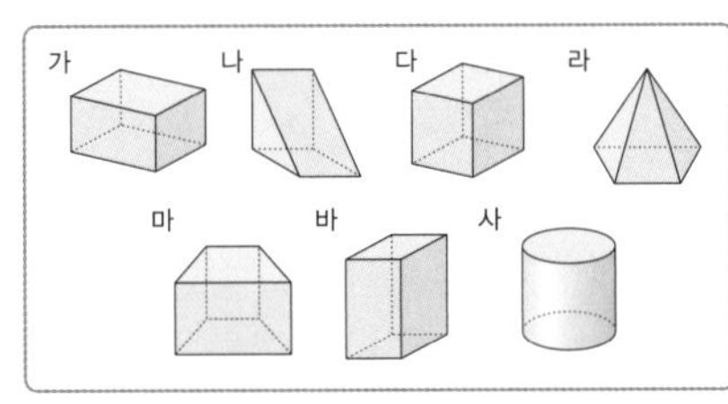

직육면체	정육면체
가, 다, 바	다

4 직육면체와 정육면체에 대해 잘못 설명한 사람을 찾아 이름을 쓰고, 바르게 고쳐 보세요.

민하: 정육면체의 꼭짓점은 모두 8개입니다.
서율: 정육면체의 모서리의 길이는 서로 다릅니다.
은영: 정육면체는 직육면체라고 할 수 있습니다.
민재: 직육면체와 정육면체는 면의 수가 같습니다.

(서율)

바르게 고치기 정육면체의 모서리의 길이는 모두 같습니다.

5 한 모서리의 길이가 5 cm인 정육면체가 있습니다. 이 정육면체의 모든 모서리 길이의 합은 몇 cm인지 구해 보세요.

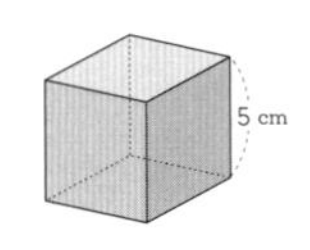

(60) cm

직육면체의 성질 알아보기

직육면체의 밑면

• 그림과 같이 직육면체에서 색칠한 두 면처럼 계속 늘여도 만나지 않는 두 면을 서로 평행하다고 합니다. 이 두 면을 직육면체의 밑면이라고 합니다.

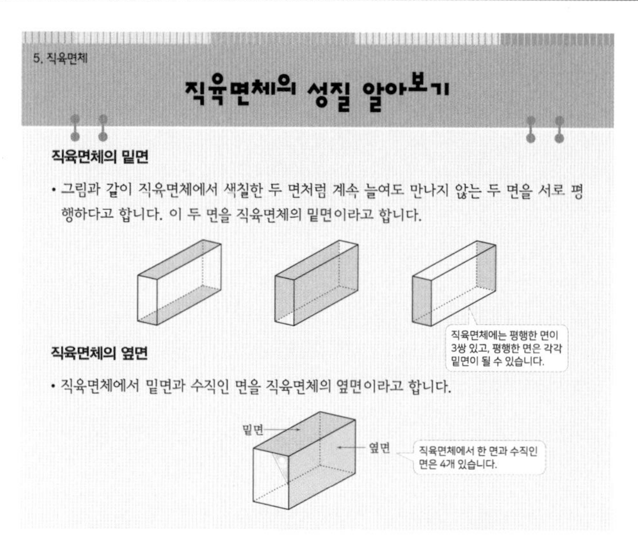

직육면체에는 평행한 면이 3쌍 있고, 평행한 면은 각각 밑면이 될 수 있습니다.

직육면체의 옆면

• 직육면체에서 밑면과 수직인 면을 직육면체의 옆면이라고 합니다.

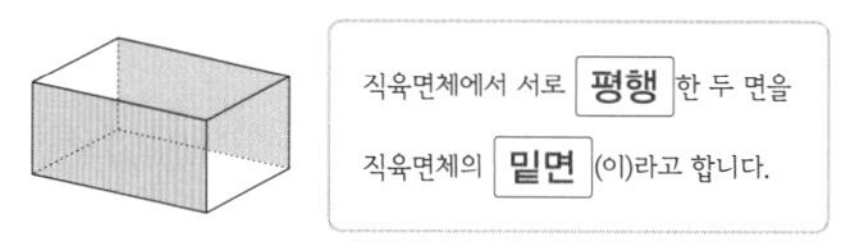

1 직육면체에서 색칠한 면과 평행한 면을 찾아 색칠하고, □ 안에 알맞은 말을 써넣으세요.

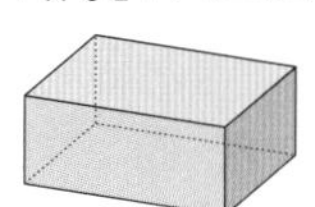

직육면체에서 서로 평행 한 두 면을 직육면체의 밑면 (이)라고 합니다.

2 직육면체에서 서로 평행한 면은 모두 몇 쌍인지 구해 보세요.

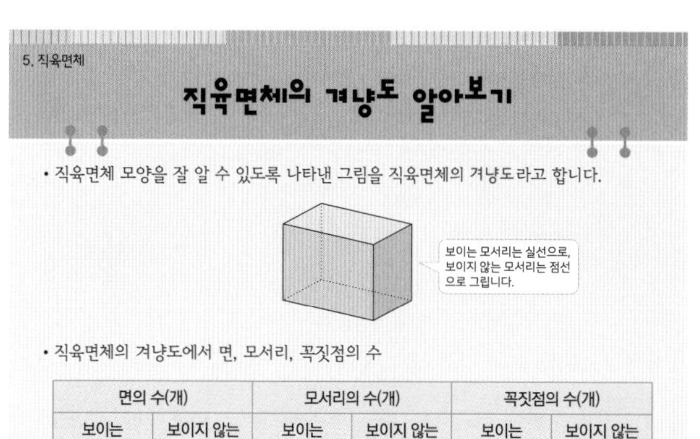

(3)쌍

3 직육면체를 보고 물음에 답하세요.

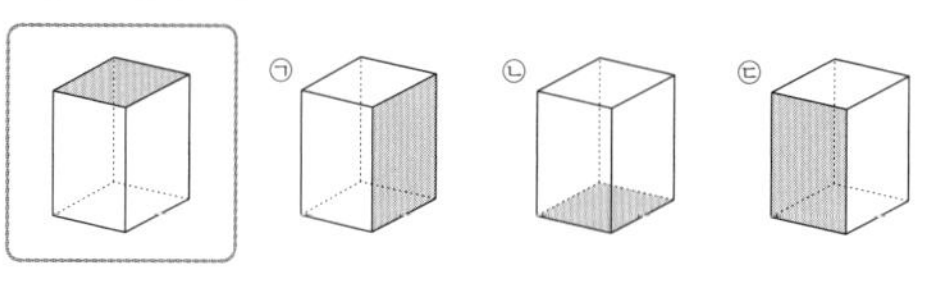

❶ 왼쪽 직육면체의 색칠한 면과 평행한 면에 색칠한 것을 찾아 기호를 써 보세요.

(㉡)

❷ 왼쪽 직육면체의 색칠한 면과 수직인 면에 색칠한 것을 모두 찾아 기호를 써 보세요.

(㉠, ㉢)

4 직육면체에서 면 ㄱㄴㄷㄹ과 수직인 면을 모두 찾아 ○표 하세요.

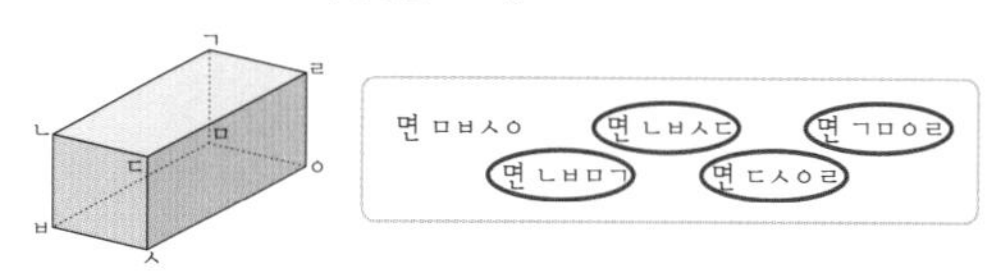

면 ㅁㅂㅅㅇ, 면 ㄴㅂㅅㄷ(○), 면 ㄱㅁㅇㄹ(○), 면 ㄴㅂㅁㄱ(○), 면 ㄷㅅㅇㄹ(○)

5 직육면체에서 면 ㄱㄴㅂㅁ과 평행한 면의 모서리 길이의 합은 몇 cm인지 구해 보세요.

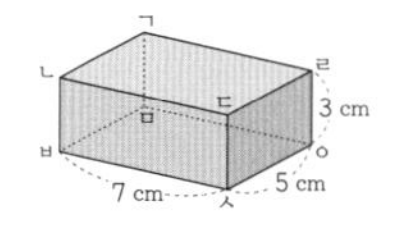

(16) cm

6 주사위의 서로 평행한 두 면의 눈의 수의 합은 7입니다. 눈의 수가 2인 면과 수직인 면들의 눈의 수를 모두 써 보세요.

(1, 3, 4, 6)

직육면체의 겨냥도 알아보기

• 직육면체 모양을 잘 알 수 있도록 나타낸 그림을 직육면체의 겨냥도라고 합니다.

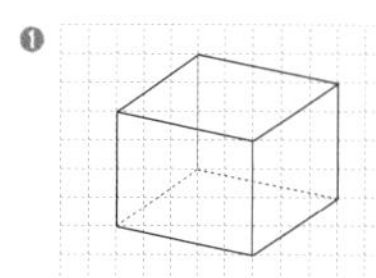

• 직육면체의 겨냥도에서 면, 모서리, 꼭짓점의 수

면의 수(개)		모서리의 수(개)		꼭짓점의 수(개)	
보이는 면	보이지 않는 면	보이는 모서리	보이지 않는 모서리	보이는 꼭짓점	보이지 않는 꼭짓점
3	3	9	3	7	1

1 알맞은 말에 ○표 하세요.

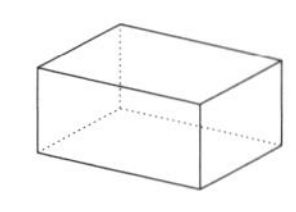

직육면체의 겨냥도는 직육면체 모양을 잘 알 수 있도록 보이는 모서리는 (실선(○), 점선)으로, 보이지 않는 모서리는 (실선, 점선(○))으로 그린 그림입니다.

2 직육면체의 겨냥도를 바르게 그린 것을 찾아 ○표 하세요.

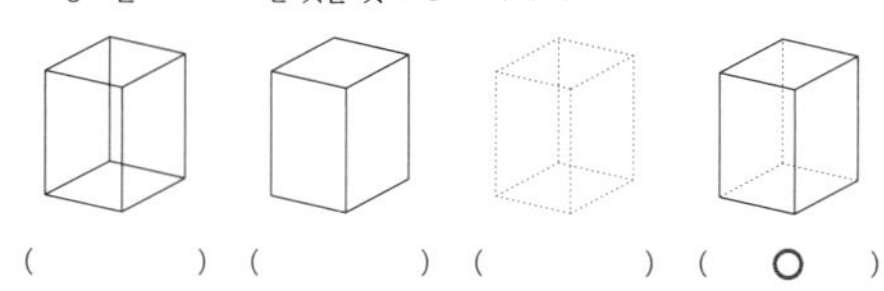

( ) ( ) ( ) (○)

3 직육면체를 보고 □ 안에 알맞은 수를 써넣으세요.

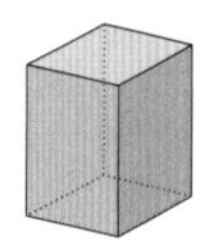

• 보이지 않는 면은 3 개입니다.
• 보이지 않는 모서리는 3 개입니다.
• 보이지 않는 꼭짓점은 1 개입니다.

4 그림에서 빠진 부분을 그려 넣어 직육면체의 겨냥도를 완성해 보세요.

❶ ❷

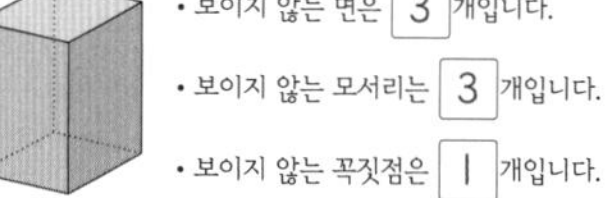

5 직육면체에서 보이지 않는 모서리의 길이의 합은 몇 cm인지 구해 보세요.

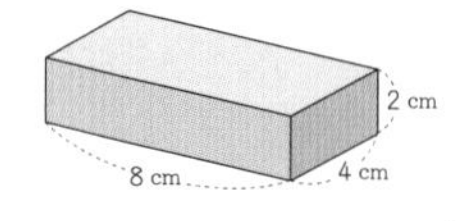

(14) cm

6 직육면체의 겨냥도에서 보이지 않는 모서리의 길이의 합이 16 cm일 때 직육면체의 모든 모서리의 길이의 합은 몇 cm인지 풀이 과정을 쓰고 답을 구해 보세요.

풀이 예 모든 모서리의 길이의 합은 보이지 않는 모서리의 길이의 합의 4배입니다. 따라서 $16 \times 4 = 64$ (cm)입니다.

답 64 cm

82–83쪽

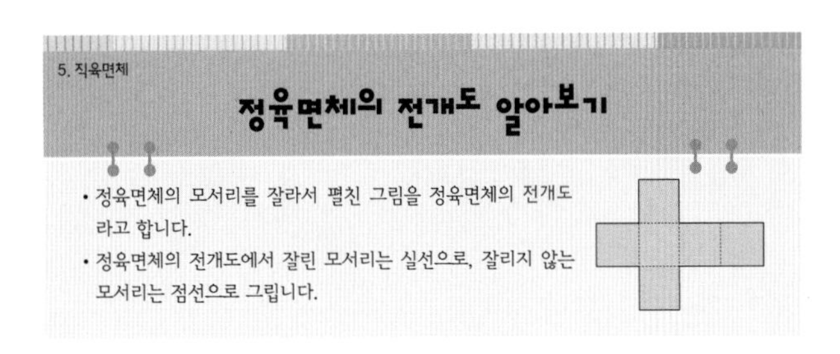

1 그림을 보고 □ 안에 알맞게 써넣으세요.

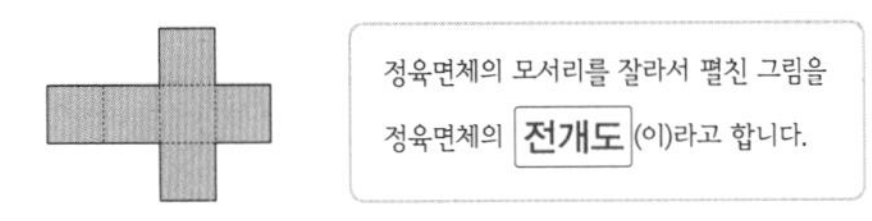

2 접었을 때 정육면체가 되는 전개도를 모두 찾아 ○표 하세요.

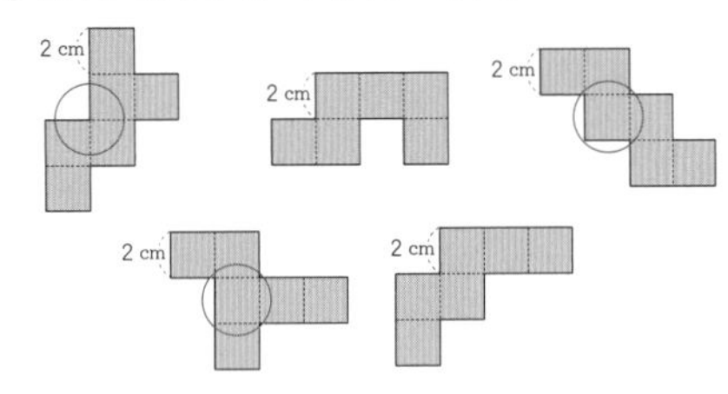

3 정육면체의 전개도를 접었을 때 색칠한 면과 수직인 면을 모두 찾아 색칠해 보세요.

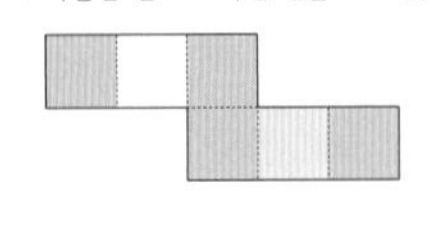

4 전개도를 접어서 정육면체를 만들었습니다. 물음에 답하세요.

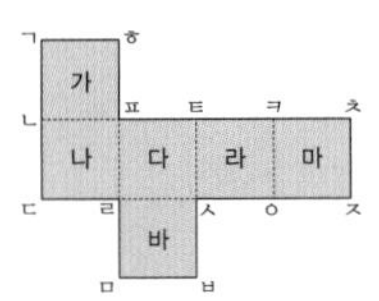

❶ 선분 ㅎㅍ과 겹쳐지는 선분을 찾아 써 보세요.

선분 (ㅍㅌ)

❷ 면 가과 평행한 면을 찾아 써 보세요.

면 (바)

❸ 면 라와 수직인 면을 모두 찾아 써 보세요.

면 (가), 면 (다),
면 (마), 면 (바)

5 빠진 부분을 그려 넣어 정육면체의 전개도를 완성해 보세요.

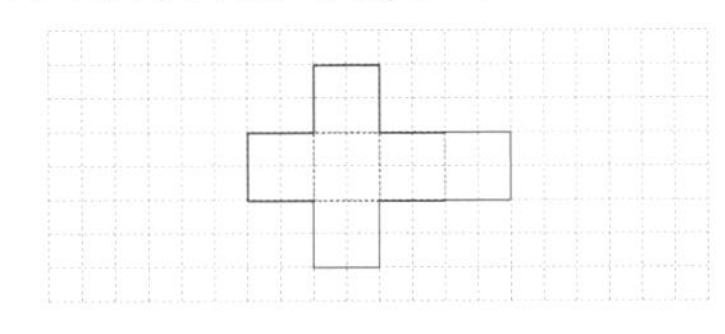

6 정육면체의 전개도입니다. 서로 평행한 두 면에 적힌 수의 합이 16일 때, 전개도의 빈 곳에 알맞은 수를 써넣으세요.

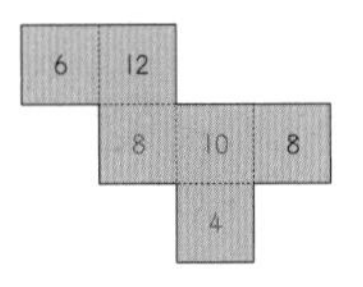

84–85쪽

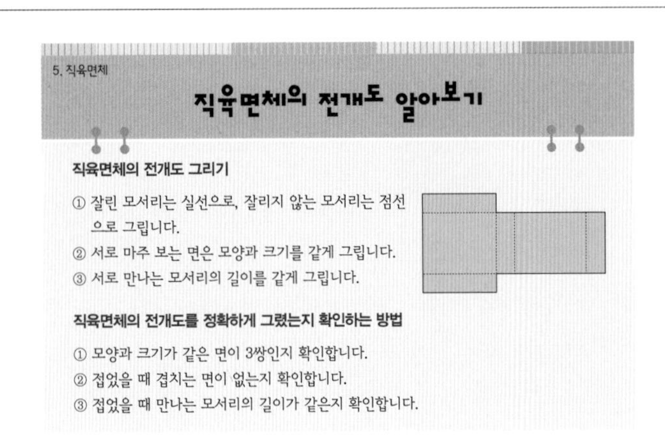

1 직육면체의 전개도를 보고 □ 안에 알맞게 써넣고, 알맞은 말에 ○표 하세요.

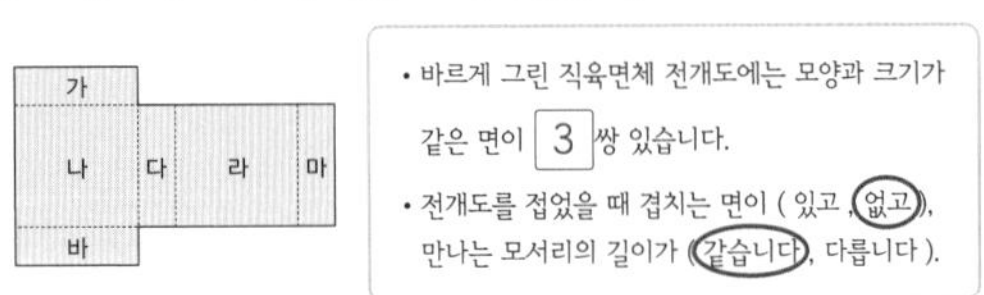

가
나
다
라
마
바
• 바르게 그린 직육면체 전개도에는 모양과 크기가 같은 면이 3쌍 있습니다.
• 전개도를 접었을 때 겹치는 면이 (있고 , 없고), 만나는 모서리의 길이가 (같습니다 , 다릅니다).

2 직육면체의 모서리를 잘라서 직육면체의 전개도를 만들었습니다. □ 안에 알맞은 기호를 써넣으세요.

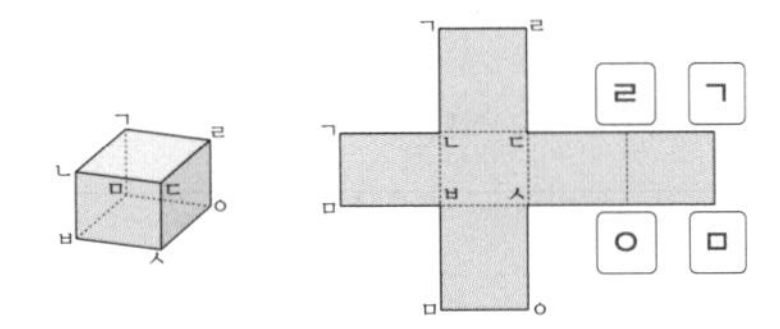

3 직육면체의 전개도를 잘못 그린 이유를 모두 찾아 기호를 써 보세요.

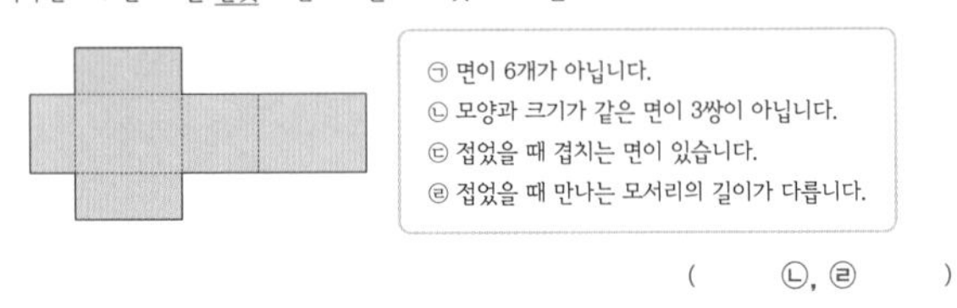

㉠ 면이 6개가 아닙니다.
㉡ 모양과 크기가 같은 면이 3쌍이 아닙니다.
㉢ 접었을 때 겹치는 면이 있습니다.
㉣ 접었을 때 만나는 모서리의 길이가 다릅니다.

(㉡, ㉣)

4 다음 전개도를 접어서 직육면체를 만들었을 때 면 ㉠과 평행한 면을 찾아 색칠하고, 색칠한 부분의 넓이는 몇 cm^2인지 구해 보세요.

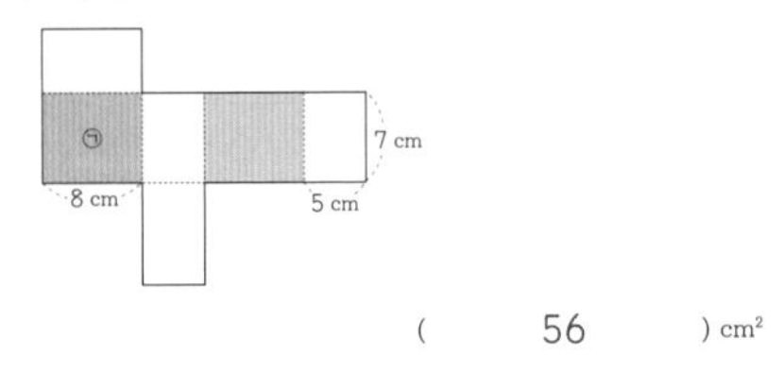

(56) cm^2

5 직육면체의 겨냥도를 보고 전개도를 그려 보세요.

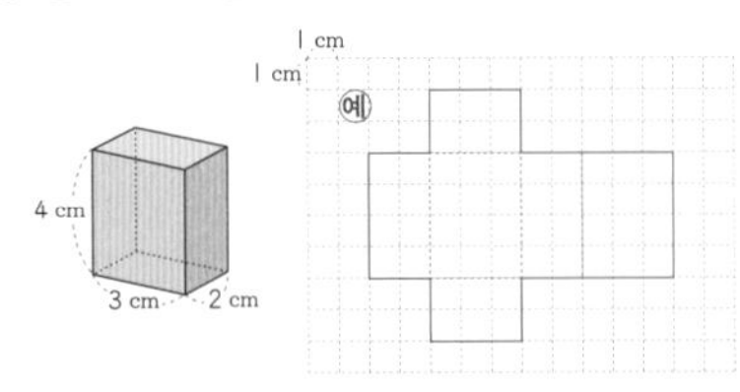

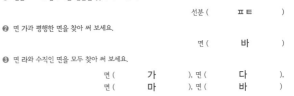

86–87쪽

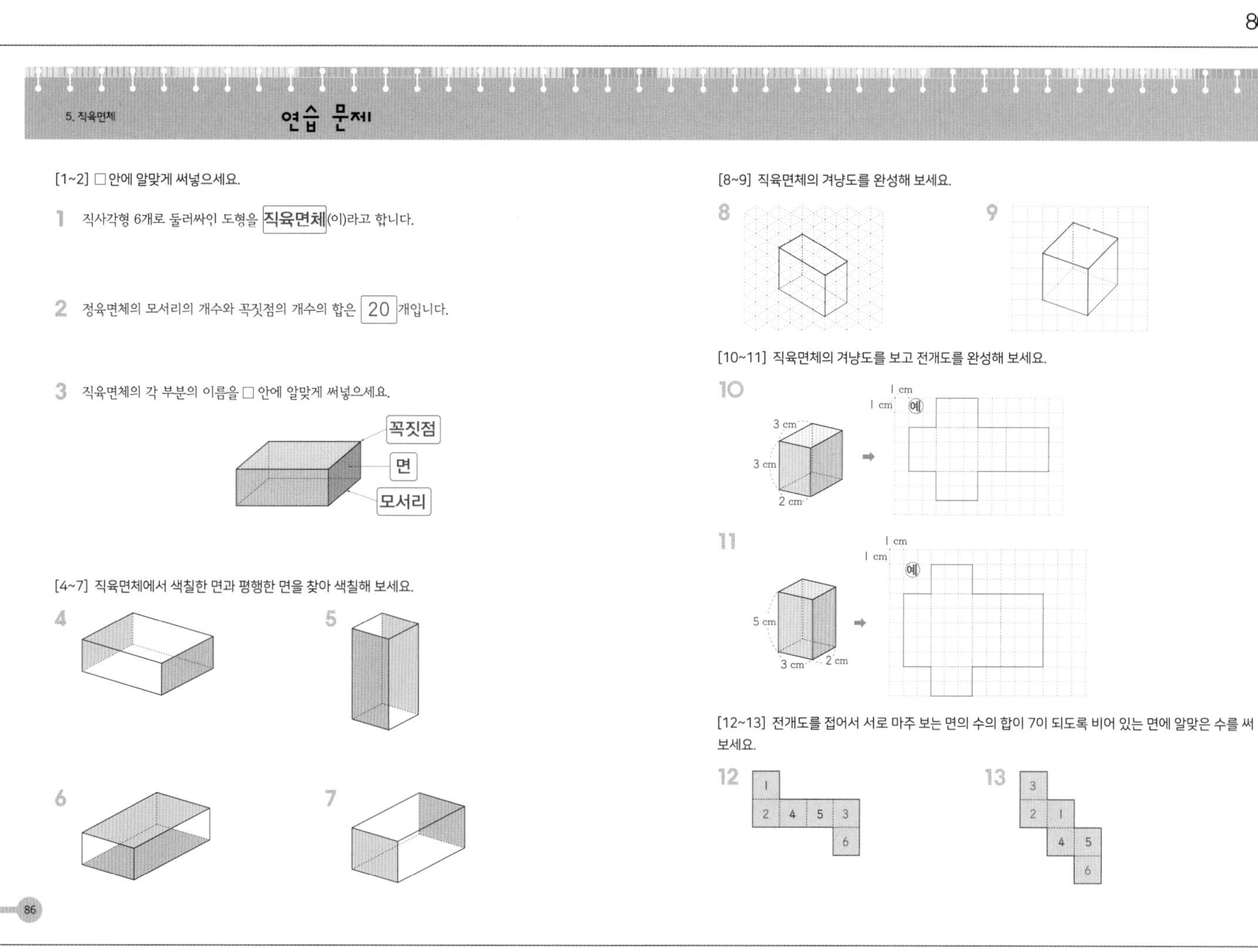

5. 직육면체

연습 문제

[1~2] □ 안에 알맞게 써넣으세요.

1 직사각형 6개로 둘러싸인 도형을 직육면체(이)라고 합니다.

2 정육면체의 모서리의 개수와 꼭짓점의 개수의 합은 20 개입니다.

3 직육면체의 각 부분의 이름을 □ 안에 알맞게 써넣으세요.

꼭짓점
면
모서리

[4~7] 직육면체에서 색칠한 면과 평행한 면을 찾아 색칠해 보세요.

4

5

6

7

[8~9] 직육면체의 겨냥도를 완성해 보세요.

8

9

[10~11] 직육면체의 겨냥도를 보고 전개도를 완성해 보세요.

10

1 cm
1 cm
예
3 cm
3 cm
2 cm

11

1 cm
1 cm
예
5 cm
3 cm
2 cm

[12~13] 전개도를 접어서 서로 마주 보는 면의 수의 합이 7이 되도록 비어 있는 면에 알맞은 수를 써 보세요.

12

1
2 4 5 3
6

13

3
2 1
4 5
6

86

87

88–89쪽

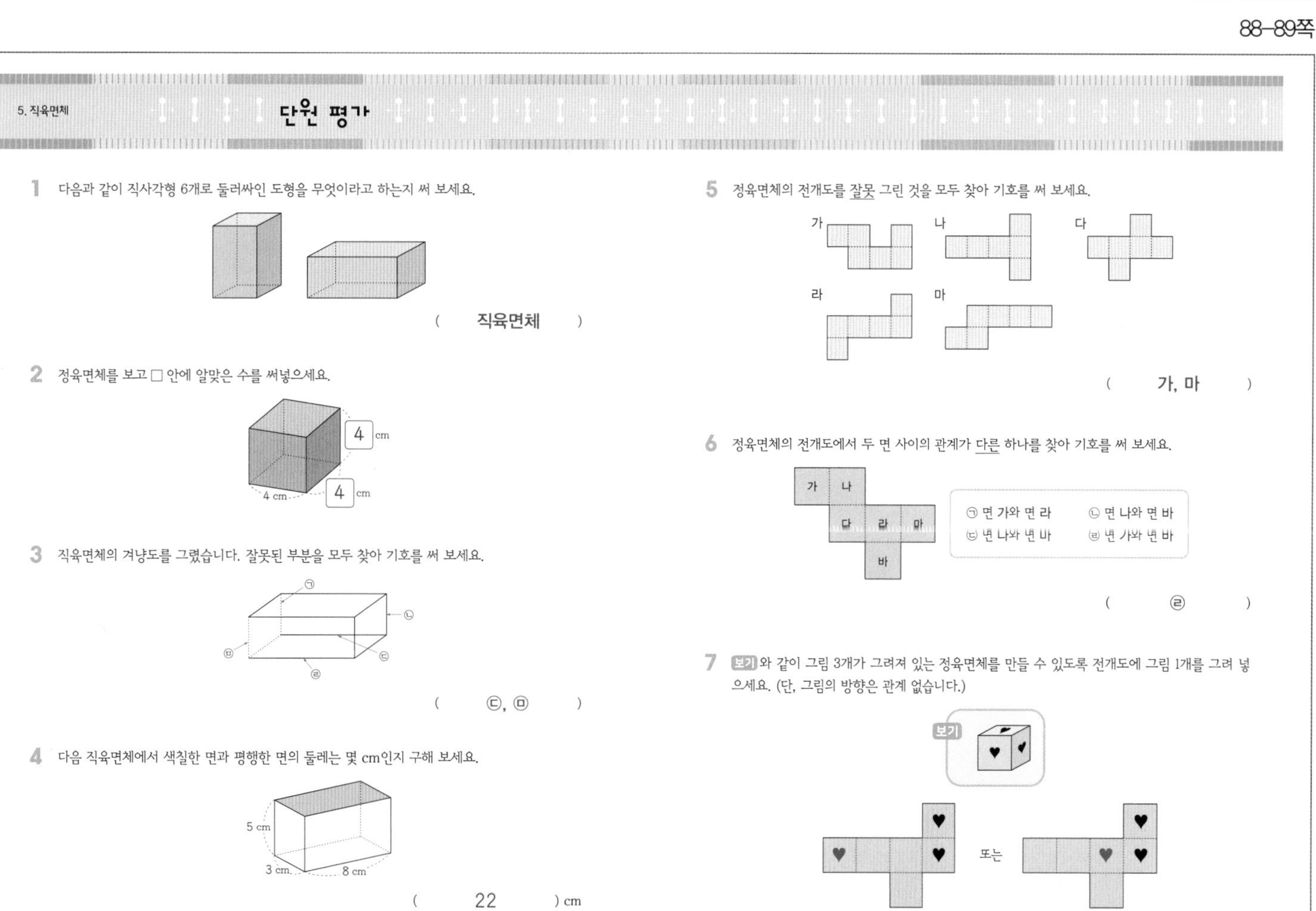

5. 직육면체

단원 평가

1 다음과 같이 직사각형 6개로 둘러싸인 도형을 무엇이라고 하는지 써 보세요.

(직육면체)

2 정육면체를 보고 □ 안에 알맞은 수를 써넣으세요.

4 cm
4 cm
4 cm

3 직육면체의 겨냥도를 그렸습니다. 잘못된 부분을 모두 찾아 기호를 써 보세요.

㉠ ㉡ ㉢ ㉣ ㉤

(㉢, ㉤)

4 다음 직육면체에서 색칠한 면과 평행한 면의 둘레는 몇 cm인지 구해 보세요.

5 cm
3 cm
8 cm

(22) cm

5 정육면체의 전개도를 잘못 그린 것을 모두 찾아 기호를 써 보세요.

가 나 다
라 마

(가, 마)

6 정육면체의 전개도에서 두 면 사이의 관계가 다른 하나를 찾아 기호를 써 보세요.

가 나
다 라 마
바

㉠ 면 가와 면 라
㉡ 면 나와 면 바
㉢ 면 나와 면 마
㉣ 면 가와 면 바

(㉣)

7 보기 와 같이 그림 3개가 그려져 있는 정육면체를 만들 수 있도록 전개도에 그림 1개를 그려 넣으세요. (단, 그림의 방향은 관계 없습니다.)

보기

또는

88

89

90–91쪽

5. 직육면체

실력 키우기

1 그림과 같이 직육면체의 상자에 선을 그었습니다. 물음에 답하세요.

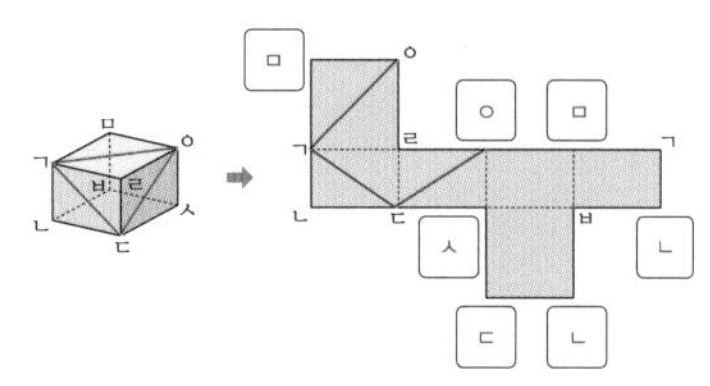

❶ 전개도의 □ 안에 알맞은 기호를 써넣으세요.

❷ 직육면체의 전개도에 선이 지나간 자리를 바르게 그려 보세요.

2 주사위에서 서로 평행한 두 면의 눈의 수의 합은 7입니다. 눈의 수가 4인 면과 수직인 면의 눈의 수의 합을 구해 보세요.

(14)

▶ 3을 제외한 눈의 수를 더합니다. 1+2+5+6

3 직육면체 모양의 선물 상자를 그림과 같이 길이가 160 cm인 끈으로 둘러 묶었습니다. 매듭의 길이가 15 cm라면 사용하고 남은 끈의 길이는 몇 cm인지 구해 보세요.

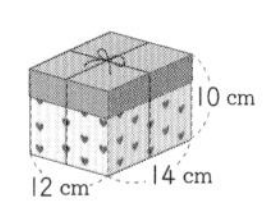

(54) cm

▶ 사용한 끈의 길이는 (10×4)+(12×2)+(14×2)+15=107 cm입니다. 남은 끈은 160−107=53 cm입니다.

4 정육면체의 겨냥도에서 보이지 않는 모서리 길이의 합이 27 cm일 때 보이는 면의 넓이의 합은 몇 cm²인지 풀이 과정을 쓰고 답을 구해 보세요.

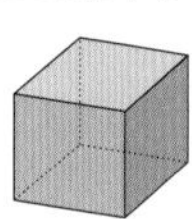

풀이 예 정육면체 한 변의 길이는 27÷3=9 (cm)입니다.
한 면의 넓이는 9×9=81 (cm²)입니다. 보이는 면이 3개 있으므로
81×3=243 (cm²)입니다.

답 243 cm²

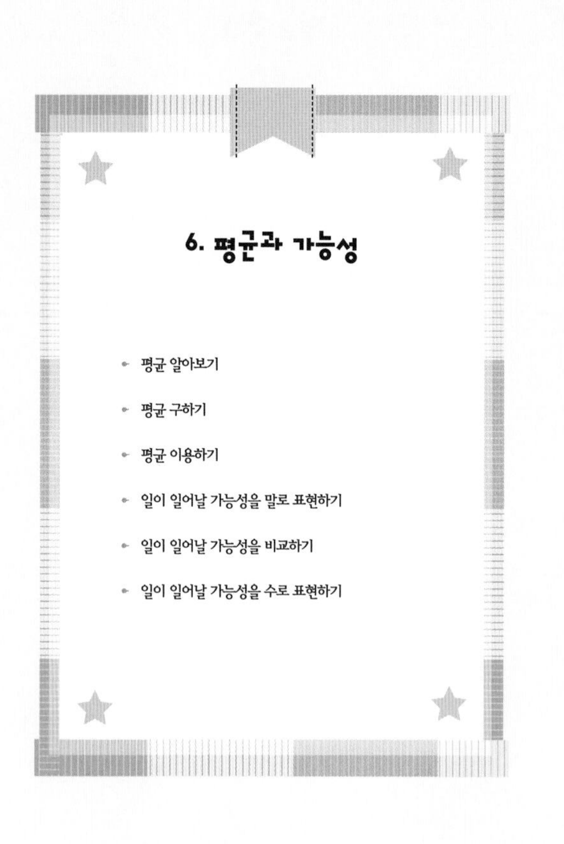

92–93쪽

6. 평균과 가능성

평균 알아보기

• 자료의 값을 모두 더해 자료의 수로 나눈 값을 자료를 대표하는 값으로 정할 수 있습니다. 이 값을 평균이라고 합니다.

(평균)=(자료의 값을 모두 더한 수)÷(자료의 수)

1 유리네 모둠의 팔굽혀펴기 기록을 나타낸 표입니다. □ 안에 알맞게 써넣으세요.

유리네 모둠의 팔굽혀펴기 기록

이름	유리	서준	성우	시율
기록(회)	7	11	10	8

❶ 유리네 모둠의 팔굽혀펴기 기록의 합은 7+ 11 + 10 + 8 = 36 (회)입니다.

❷ 유리네 모둠 학생 수는 모두 4 명입니다.

❸ 유리네 모둠의 팔굽혀펴기 기록의 평균은 36 ÷ 4 = 9 (회)입니다.

2 과일 가게에서 귤 1 kg을 한 봉지에 넣어 판매합니다. □ 안에 알맞은 수를 써넣으세요.

11개

10개

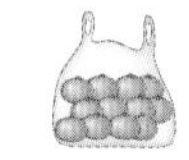
12개

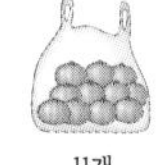
11개

귤은 한 봉지에 평균 11 개 들어 있습니다.

3 서사원 초등학교 5학년 학생들의 학급별 학생 수를 나타낸 표입니다. 학급별 학생 수는 평균 몇 명이라고 할 수 있는지 구해 보세요.

학급별 학생 수

학급(반)	1	2	3	4	5
학생 수(명)	25	22	22	24	22

➡ 서사원 초등학교 5학년의 한 학급에는 평균 23 명이 있습니다.

4 민하네 모둠과 윤아네 모둠의 투호 놀이 기록을 나타낸 표입니다. 물음에 답하세요.

민하네 모둠의 투호 놀이 기록

이름	넣은 화살의 수(개)
민하	2
민준	5
하준	6
예진	4
주완	3

윤아네 모둠의 투호 놀이 기록

이름	넣은 화살의 수(개)
윤아	1
여준	8
지현	2
승도	1

❶ 두 모둠의 투호 놀이 기록에 대해 잘못 말한 친구를 골라 이름을 써 보세요.

서율: 민하네 모둠은 총 20개, 윤아네 모둠은 총 12개의 화살을 넣었으니까 민하네 모둠이 더 잘했다고 볼 수 있어.
성우: 두 모둠이 넣은 화살의 수를 대표하는 값을 구해 보면 어느 모둠이 더 잘했는지 비교할 수 있을 거야.
이현: 두 모둠의 최고 기록을 비교해 보면 민하네 모둠은 6개, 윤아네 모둠은 8개이지만, 단순히 각 모둠의 최고 기록만으로는 어느 모둠이 더 잘했는지 판단하기 어려워.

(서율)

❷ 민하네 모둠과 윤아네 모둠이 넣은 화살의 수의 평균을 각각 구해 보세요.

민하네 모둠 (4)개, 윤아네 모둠 (3)개

❸ 위 ❷의 결과를 바탕으로 어느 모둠이 더 잘했다고 볼 수 있는지 써 보세요.

(민하네) 모둠

평균 구하기

민호의 과녁 맞히기 기록

회	1회	2회	3회	4회	5회
점수(점)	3	2	0	6	4

방법 1 자료의 값을 모두 더하고 자료의 수로 나누어 평균 구하기
(민호의 과녁 맞히기 기록의 평균)$=(3+2+0+6+4)\div5=3$(점)

방법 2 자료의 값을 고르게 되도록 옮겨 평균 구하기

민호의 과녁 맞히기 기록

			○	
			○	
			○	○
○	○	○	○	○
○	○	○	○	○
○	○	○	○	○
1회	2회	3회	4회	5회

➡ 민호의 과녁 맞히기 기록을 고르게 하면 3점이 되므로 평균은 3점입니다.

1 라온이가 요일별로 읽은 책의 쪽수를 나타낸 표입니다. □ 안에 알맞은 수를 써넣어 라온이가 5일 동안 평균 몇 쪽을 읽었는지 구해 보세요.

요일별 읽은 책의 쪽수

요일	월	화	수	목	금
쪽수(쪽)	24	23	22	21	25

(5일 동안 읽은 쪽수의 평균)$=(24+23+$ 22 $+$ 21 $+$ 25 $)\div$ 5
$=$ 115 $\div5=$ 23 (쪽)

2 은호네 모둠의 고리 던지기 기록을 나타낸 표입니다. 물음에 답하세요.

은호네 모둠의 고리 던지기 기록

이름	은호	주아	민주	승찬
고리의 수(개)	2	6	1	7

❶ 기둥에 건 고리의 수만큼 ○표를 하여 왼쪽 그래프를 완성한 후, ○를 옮겨 오른쪽 그래프에 고르게 나타내어 보세요.

7				○
6		○		○
5		○		○
4		○		○
3		○		○
2	○	○		○
1	○	○	○	○
고리의 수(개) / 이름	은호	주아	민주	승찬

➡

7				
6				
5				
4	○	○	○	○
3	○	○	○	○
2	○	○	○	○
1	○	○	○	○
고리의 수(개) / 이름	은호	주아	민주	승찬

❷ 은호네 모둠의 고리 던지기 기록의 평균은 몇 개인지 구해 보세요.

(4)개

3 상자에 구슬이 들어 있습니다. 구슬의 수의 평균을 두 가지 방법으로 구하려고 합니다. □ 안에 알맞은 수를 써넣으세요.

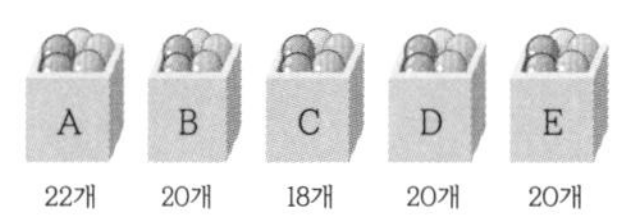

❶ 평균을 20 개로 예상하고 A 상자에서 구슬 2 개를 꺼내 C 상자로 옮기면 구슬의 수는 모두 20 개로 고르게 됩니다. 따라서 구슬의 수의 평균은 20 개입니다.

❷ (구슬 수의 평균)$=(22+$ 20 $+$ 18 $+$ 20 $+$ 20 $)\div5$
$=$ 100 $\div$ 5
$=$ 20 (개)

6. 평균과 가능성

평균 이용하기

평균 비교하기

모둠별 학생 수와 대출한 도서의 수

모둠	가	나	다
모둠 학생 수(명)	4	5	5
대출한 도서의 수(권)	28	40	45

• 1인당 대출 도서 평균
(가 모둠)$=28\div4=7$(권), (나 모둠)$=40\div5=8$(권), (다 모둠)$=45\div5=9$(권)
➡ 1인당 대출한 도서의 수가 가장 많은 모둠은 다 모둠입니다.

평균을 이용하여 모르는 자료의 값 구하기

마신 우유의 양

요일	월	화	수	목	금	평균
우유의 양(mL)	200	300		350	400	300

(마신 우유 전체의 양)$=$(평균)$\times$(요일 수)$=300\times5=1500$ (mL)
(자료의 값을 모두 더한 수)=(평균)×(자료의 수)
➡ (수요일에 마신 우유의 양)$=1500-(200+300+350+400)=250$ (mL)

1 모둠 학생 수와 칭찬스티커 수를 나타낸 표입니다. □ 안에 알맞게 써넣으세요.

모둠별 학생 수와 칭찬스티커의 수

모둠	a	b	c
모둠 학생 수(명)	4	5	6
칭찬스티커 수(장)	48	65	66

(a 모둠의 칭찬스티커 수의 평균)$=48\div4=$ 12 (장)
(b 모둠의 칭찬스티커 수의 평균)$=65\div$ 5 $=$ 13 (장)
(c 모둠의 칭찬스티커 수의 평균)$=$ 66 $\div$ 6 $=$ 11 (장)

2 명한이와 주원이의 100 m 달리기 기록을 나타낸 표입니다. 달리기 기록이 평균 15초 이하일 때 달리기 대회 결승에 올라갈 수 있습니다. 물음에 답하세요.

명한이의 달리기 기록

회	1	2	3	4
기록(초)	15	17	14	18

주원이의 달리기 기록

회	1	2	3
기록(초)	16	14	15

❶ 명한이와 주원이의 달리기 기록의 평균을 각각 구해 보세요.

명한이의 달리기 기록의 평균 (16)초
주원이의 달리기 기록의 평균 (15)초

❷ 달리기 대회 결승에 올라갈 수 있는 사람은 누구인지 써 보세요.

(주원)

3 어느 동물원의 방문객 수를 나타낸 표입니다. 요일별 방문객 수의 평균이 230명일 때, 목요일 방문객은 몇 명인지 구해 보세요.

요일별 방문객 수

요일	월	화	수	목	금	토
방문객 수(명)	210	220	200		280	300

(170)명

▶ 총 방문객 수는 230×6=1380(명)입니다.

4 은영이와 민석이의 제기차기 기록을 나타낸 표입니다. 두 사람의 제기차기 기록의 평균이 같을 때 민석이의 5회 기록은 몇 번인지 구해 보세요.

은영이의 기록

회	기록(번)
1	8
2	11
3	12
4	9

민석이의 기록

회	기록(번)
1	13
2	7
3	8
4	11
5	

(11)번

▶ 은영이의 기록의 평균은 10입니다. 민석이 기록의 평균도 10이므로 총 기록 수는 10×5=50입니다. 따라서 5회 기록은 50−(13+7+8+11)=11입니다.

98~99쪽

6. 평균과 가능성

일이 일어날 가능성을 말로 표현하기

- 가능성은 어떠한 상황에서 특정한 일이 일어나길 기대할 수 있는 정도를 말합니다.
  예 5학년인 서원이가 내년에 6학년이 될 가능성은 확실합니다.
- 가능성의 정도는 불가능하다, ~아닐 것 같다, 반반이다, ~일 것 같다, 확실하다 등으로 표현할 수 있습니다.

← 일이 일어날 가능성이 낮습니다. / 일이 일어날 가능성이 높습니다. →

~아닐 것 같다	~일 것 같다

불가능하다 / 반반이다 / 확실하다

1 일이 일어날 가능성을 생각해 보고, 알맞게 표현한 곳에 ○표 하세요.

일 \ 가능성	불가능하다	~아닐 것 같다	반반이다	~일 것 같다	확실하다
내년 2월은 31일까지 있을 것입니다.	○				
100원짜리 동전을 던지면 숫자 면이 나올 것입니다.			○		
윷을 두 번 던지면 두 번 모두 모가 나올 것입니다.		○			
내일 아침은 해가 동쪽에서 뜰 것입니다.					○
검은색 공 3개와 흰색 공 1개가 들어 있는 주머니에서 공을 고르면 검은색 공이 나올 것입니다.				○	

2 일이 일어날 가능성을 판단하여 해당하는 칸에 친구의 이름을 써 보세요.

지연: 아이가 태어날 때 그 아이의 성별은 남자일 것입니다.
윤아: 내일 아침 우리 마을에 공룡이 나타날 것입니다.
영호: 우리가 사는 지구에서는 높은 곳에 있는 물체를 떨어뜨리면 아래로 떨어질 것입니다.

불가능하다	~아닐 것 같다	반반이다	~일 것 같다	확실하다
윤아		지연		영호

3 일이 일어날 가능성이 '확실하다'인 것을 모두 찾아 기호를 써 보세요.

㉠ 겨울 다음에 봄이 올 것입니다.
㉡ 오전 9시에서 1시간 후는 오전 10시입니다.
㉢ 파란색 구슬만 들어 있는 주머니에서 꺼낸 구슬은 빨간색일 것입니다.
㉣ 주사위를 던지면 홀수가 나올 것입니다.

(㉠, ㉡)

4 노란색 구슬이 3개, 파란색 구슬이 3개 들어 있는 주머니에서 구슬 한 개를 꺼낼 때 일이 일어날 가능성을 설명한 것입니다. 잘못 말한 사람의 이름을 쓰고, 바르게 고쳐 써 보세요.

꺼낸 구슬이 파란색일 가능성은 반반이야.
꺼낸 구슬은 확실히 노란색이야.
지혁
승연

잘못 말한 사람 승연

바르게 고치기 꺼낸 구슬이 노란색일 가능성은 반반이야.

100~101쪽

6. 평균과 가능성

일이 일어날 가능성을 비교하기

회전판에서 화살이 빨간색에 멈출 가능성 비교하기

	가	나	다	라	마
회전판					
가능성	불가능하다	~아닐 것 같다	반반이다	~일 것 같다	확실하다

- 회전판에서 빨간색 부분이 넓을수록 화살이 빨간색에 멈출 가능성이 높습니다.
- 화살이 빨간색에 멈출 가능성이 높은 순서는 마, 라, 다, 나, 가입니다.

1 1부터 6까지의 눈이 그려진 주사위를 한번 굴릴 때 주사위의 눈의 수가 홀수가 나올 가능성과 7이 나올 가능성을 비교하려고 합니다. 알맞은 말에 ○표 하세요.

❶ 주사위 눈의 수가 홀수가 나올 가능성은 '(불가능하다 , (반반이다) , 확실하다)'입니다.
❷ 주사위 눈의 수가 7이 나올 가능성은 '((불가능하다) , 반반이다 , 확실하다)'입니다.
❸ 일이 일어날 가능성이 더 높은 것은 눈의 수가 ((홀수가 나올 가능성) , 7이 나올 가능성)입니다.

2 일이 일어날 가능성이 높은 친구부터 차례로 이름을 써 보세요.

승호: 오늘이 수요일이니깐 내일은 목요일일 거야.(확실하다)
지수: 1부터 9까지 적혀 있는 수 카드 중에서 한 장을 뽑을 때 뽑은 카드의 수는 9일 거야.(~아닐 것이다)
성우: 내일은 해가 서쪽에서 뜰 거야.(불가능하다)
호영: 흰색 바둑돌 3개와 검은색 바둑돌 1개가 들어 있는 주머니에서 바둑돌 한 개를 꺼낼 때 꺼낸 바둑돌은 흰색일 거야.(~일 것이다)

(승호, 호영, 지수, 성우)

3 빨간색, 노란색, 파란색으로 이루어진 회전판을 70번 돌려 화살이 멈춘 횟수를 나타낸 표입니다. 일이 일어날 가능성이 가장 비슷한 것끼리 이어 보세요.

색깔	빨강	파랑	노랑
횟수(회)	52	10	8

색깔	빨강	파랑	노랑
횟수(회)	23	23	24

색깔	빨강	파랑	노랑
횟수(회)	17	34	19

4 조건 에 알맞은 회전판이 되도록 색칠해 보세요.

조건
- 화살이 초록색에 멈출 가능성이 가장 높습니다.
- 화살이 파란색에 멈출 가능성은 빨간색에 멈출 가능성의 3배입니다.

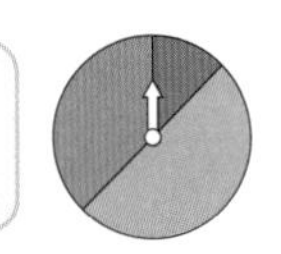

5 일이 일어날 가능성이 '불가능하다'인 상황을 말한 친구의 이름을 쓰고, 상황이 '확실하다'가 되도록 친구의 말을 바꿔 써 보세요.

영주: 4월의 한 달 후에는 5월이 될 거야.
석준: 1부터 10까지 적혀 있는 수 카드 중에서 한 장을 뽑을 때 뽑은 카드의 수는 홀수일 거야.
현우: 내년 추석에는 초승달이 뜰 거야.
민지: 흰색 바둑돌 1개와 파란색 바둑돌 2개가 들어 있는 주머니에서 바둑돌 한 개를 꺼낼 때 꺼낸 바둑돌은 흰색일 거야.

'불가능하다'인 상황을 말한 친구 현우

'확실하다'가 되도록 고치기 내년 추석에는 보름달이 뜰 거야.

회전판에서 화살이 빨간색에 멈출 가능성을 수로 표현하기

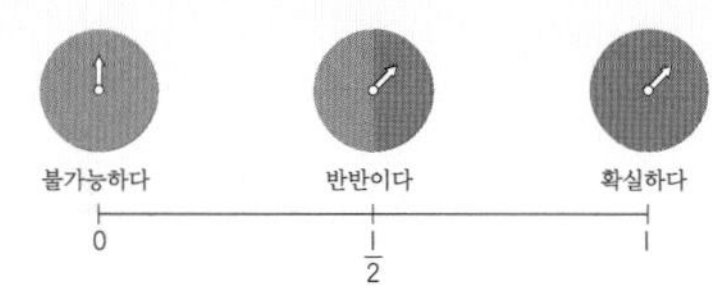

➡ 일이 일어날 가능성을 0, $\frac{1}{2}$, 1의 수로 표현할 수 있습니다.

1 일이 일어날 가능성을 수로 알맞게 표현해 보세요.

확실하다	1
불가능하다	0
반반이다	$\frac{1}{2}$

2 주머니 속에 빨간색 공 2개와 파란색 공 2개가 들어 있습니다. 주머니에서 공 한 개를 꺼낼 때 일이 일어날 가능성에 ↓로 나타내어 보세요.

❶ 꺼낸 공이 빨간색일 가능성

0 —— $\frac{1}{2}$ —— 1

❷ 꺼낸 공이 파란색일 가능성

0 —— $\frac{1}{2}$ —— 1

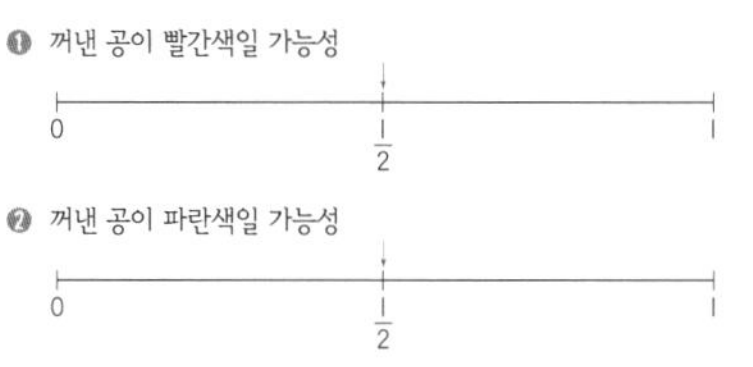

❸ 꺼낸 공이 노란색일 가능성

0 —— $\frac{1}{2}$ —— 1

3 수 카드 [1], [2], [6], [9] 중에서 한 장을 뽑으려고 합니다. 가능성을 수로 표현해 보세요.

❶ 짝수가 나올 가능성

($\frac{1}{2}$)

❷ 10보다 작은 수가 나올 가능성

(1)

4 회전판에서 화살이 빨간색에 멈출 가능성을 수로 표현해 보세요.

❶ (0) ❷ ($\frac{1}{2}$)

5 ㉠과 ㉡의 가능성을 수로 표현한 값의 합을 구해 보세요.

㉠ 주사위를 굴려 주사위 눈의 수가 홀수가 나올 가능성
㉡ 동전을 던졌을 때 숫자 면이 나올 가능성

(1)

▶ ㉠ $\frac{1}{2}$ ㉡ $\frac{1}{2}$

6 주머니에 5, 6, 7, 8의 구슬이 있습니다. 주머니에서 구슬을 1개 꺼냈을 때, 물음에 답하세요.

❶ 꺼낸 구슬에 적힌 수가 짝수일 가능성을 말과 수로 표현해 보세요.

말 (반반이다), 수 ($\frac{1}{2}$)

❷ 꺼낸 구슬에 적힌 수가 짝수일 가능성과 화살이 파란색에 멈출 가능성이 같게 되도록 회전판을 색칠해 보세요.

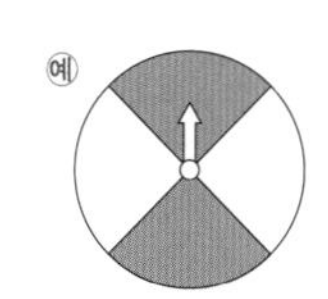

▶ 짝수일 가능성이 반반이므로 회전판에 두 칸을 파란색으로 칠해야 합니다.

6. 평균과 가능성

연습 문제

[1~3] 주어진 자료의 평균을 구해 보세요.

1 5학년 학생 수

반	1반	2반	3반	4반	5반
학생 수(명)	24	23	22	24	22

(23)명

2 민아의 과목별 점수

과목	국어	수학	사회	과학	영어
점수(점)	85	90	95	95	85

(90)점

3 마을별 사과 생산량

마을	가	나	다	라	마	바
생산량(kg)	480	490	500	510	520	530

(505) kg

[4~6] 주어진 자료의 평균을 이용하여 표의 빈칸에 알맞은 수를 써넣으세요.

4 성우네 반 분단별 스마트폰 보유수

분단	1분단	2분단	3분단	4분단	평균
스마트폰 수(대)	6	3	2	5	4

5 받은 칭찬 스티커의 수

이름	태현	세연	준영	소율	평균
스티커 수(개)	32	28	36	40	34

6 민호가 읽은 동화책의 쪽수

요일	월	화	수	목	금	평균
쪽수(쪽)	30	24	23	20	28	25

[7~10] 일이 일어날 가능성에 대하여 알맞은 말에 ○표 하세요.

7 내일 아침에는 남쪽에서 해가 뜰 것입니다.

((불가능하다) , ~아닐 것이다 , 반반이다 , ~일 것이다 , 확실하다)

8 당첨 제비가 5개, 꽝 제비가 1개 들어 있는 상자에서 한 개의 제비를 뽑았을 때 당첨일 가능성

(불가능하다 , ~아닐 것이다 , 반반이다 , (~일 것이다) , 확실하다)

9 높은 곳에서 물체를 떨어뜨리면 물체는 아래로 떨어집니다.

(불가능하다 , ~아닐 것이다 , 반반이다 , ~일 것이다 , (확실하다))

10 동전 두 개를 던졌을 때 둘 다 숫자면이 나올 가능성

(불가능하다 , (~아닐 것이다) , 반반이다 , ~일 것이다 , 확실하다)

[11~13] 흰색 바둑돌 3개와 검은색 바둑돌 3개가 들어 있는 주머니에서 바둑돌 1개를 꺼내려고 합니다. 물음에 답하세요.

11 꺼낸 바둑돌이 흰색일 가능성을 수로 표현해 보세요.

($\frac{1}{2}$)

12 꺼낸 바둑돌이 검은색일 가능성을 수로 표현해 보세요.

($\frac{1}{2}$)

13 꺼낸 바둑돌이 빨간색일 가능성을 수로 표현해 보세요.

(0)

6. 평균과 가능성

단원 평가

1 성준이와 명호가 6일 동안 마신 우유의 양을 나타낸 표입니다. 물음에 답하세요.

마신 우유의 양(mL)

요일	월	화	수	목	금	토
성준	240	210	220	240	250	220
명호	210	220	200	250	190	250

❶ 명호가 하루 평균 마신 우유의 양은 몇 mL 인지 구해 보세요.

▶ (210+220+200+250+190)÷6=220 (220) mL

❷ 하루 평균 마신 우유의 양이 성준이가 명호보다 10 mL 더 많다면 성준이가 목요일에 마신 우유는 몇 mL인지 구하여 표를 완성해 보세요.

▶ 230×6−(240+210+220+250+220)=240

2 준호네 모둠의 종목별 체력 측정 기록입니다. 물음에 답하세요.

준호네 모둠의 종목별 체력 측정 기록

이름 \ 종목	윗몸 말아 올리기(회)	50 m 달리기(초)
준호	54	8
민수	50	9
예진		10
윤아	49	11

❶ 준호네 모둠의 윗몸 말아 올리기 기록의 평균은 50회입니다. 예진이가 한 윗몸 말아 올리기는 몇 회인지 구해 보세요.

▶ 50×4−(54+50+49)=47 (47)회

❷ 전학생 1명이 준호네 모둠이 되어 50 m 달리기 평균을 계산해 보았더니 9초가 나왔습니다. 전학생의 50 m 달리기 기록은 몇 초인지 풀이 과정을 쓰고 답을 구해 보세요.

풀이 예) 5명 평균이 9초이므로 전학생의 기록은 (5×9)−(8+9+10+11)=45−38=7(초)입니다.

답 7 초

3 일이 일어날 가능성을 찾아 이어 보세요.

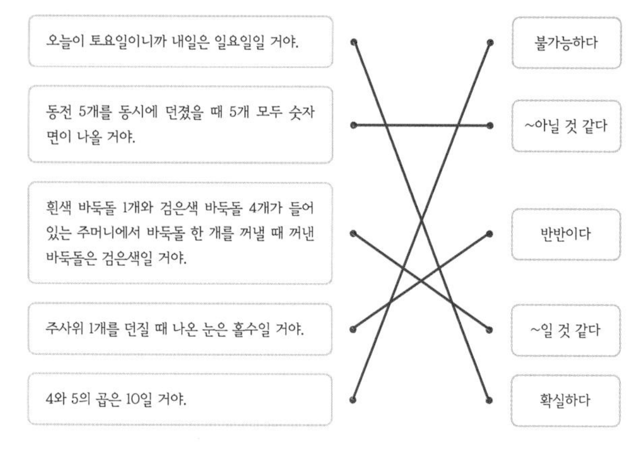

4 회전판에서 화살이 파란색에 멈출 가능성이 높은 순서대로 기호를 써 보세요.

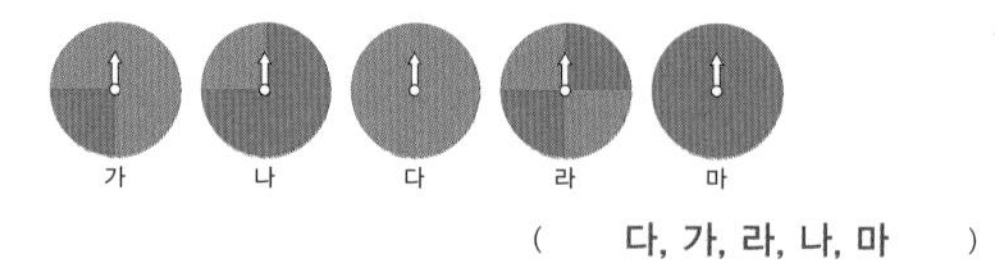

(다, 가, 라, 나, 마)

5 아래 카드 중 한 장을 뽑을 때 ♤이 나올 가능성을 수로 표현해 보세요.

($\frac{1}{2}$)

6. 평균과 가능성

실력 키우기

1 조건에 알맞은 회전판이 되도록 색칠하려고 합니다. ㉠, ㉡, ㉢에 알맞은 색깔을 써 보세요.

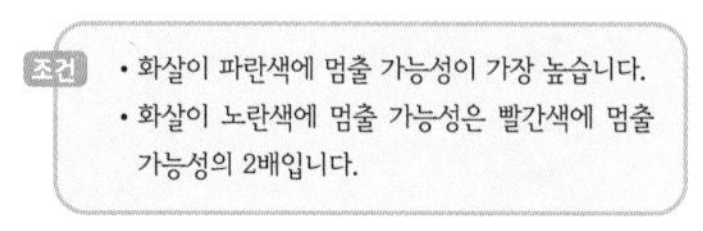

조건
• 화살이 파란색에 멈출 가능성이 가장 높습니다.
• 화살이 노란색에 멈출 가능성은 빨간색에 멈출 가능성의 2배입니다.

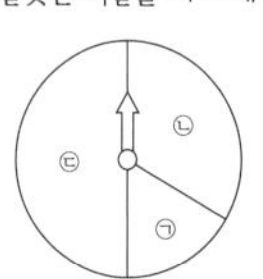

(㉠: 빨간색), (㉡: 노란색), (㉢: 파란색)

2 미술관에 월요일부터 토요일까지 방문한 하루 평균 관람객 수는 220명입니다. 월요일부터 일요일까지 방문한 하루 평균 관람객 수가 235명일 때 일요일에 방문한 관람객 수는 몇 명인지 구해 보세요.

(325)명

▶ 월요일부터 토요일까지 방문한 총 관람객 수는 220×6=1320(명)입니다. 일요일에 방문한 관람객 수는 235×7−1320=325(명)입니다.

3 동전 2개를 동시에 던질 때 1개만 그림 면이 나올 가능성을 수로 표현해 보세요.

▶ 동전이 나올 가능성을 (동전 1, 동전 2)처럼 정리하면 (숫자, 숫자), (숫자, 그림), (그림, 숫자), (그림, 그림)입니다. 동전 1개만 그림일 가능성은 반반입니다.

($\frac{1}{2}$)

4 공장별 하루 과자 생산량을 나타낸 표입니다. A 공장의 생산량이 C 공장의 생산량보다 60 kg 더 많다면 A 공장의 생산량은 몇 kg인지 풀이 과정을 쓰고 답을 구해 보세요.

공장별 과자 생산량

공장	A	B	C	D	E	평균
생산량(kg)		650		700	750	730

풀이 A와 C 공장의 생산량 합은 730×5−(650+700+750)=1550입니다. A가 C 공장 생산량보다 60 (kg) 많으므로 C 공장의 생산량은 (1550−60)÷2=745 (kg)이고, A 공장의 생산량은 745+60=805 (kg)입니다.

답 805 kg

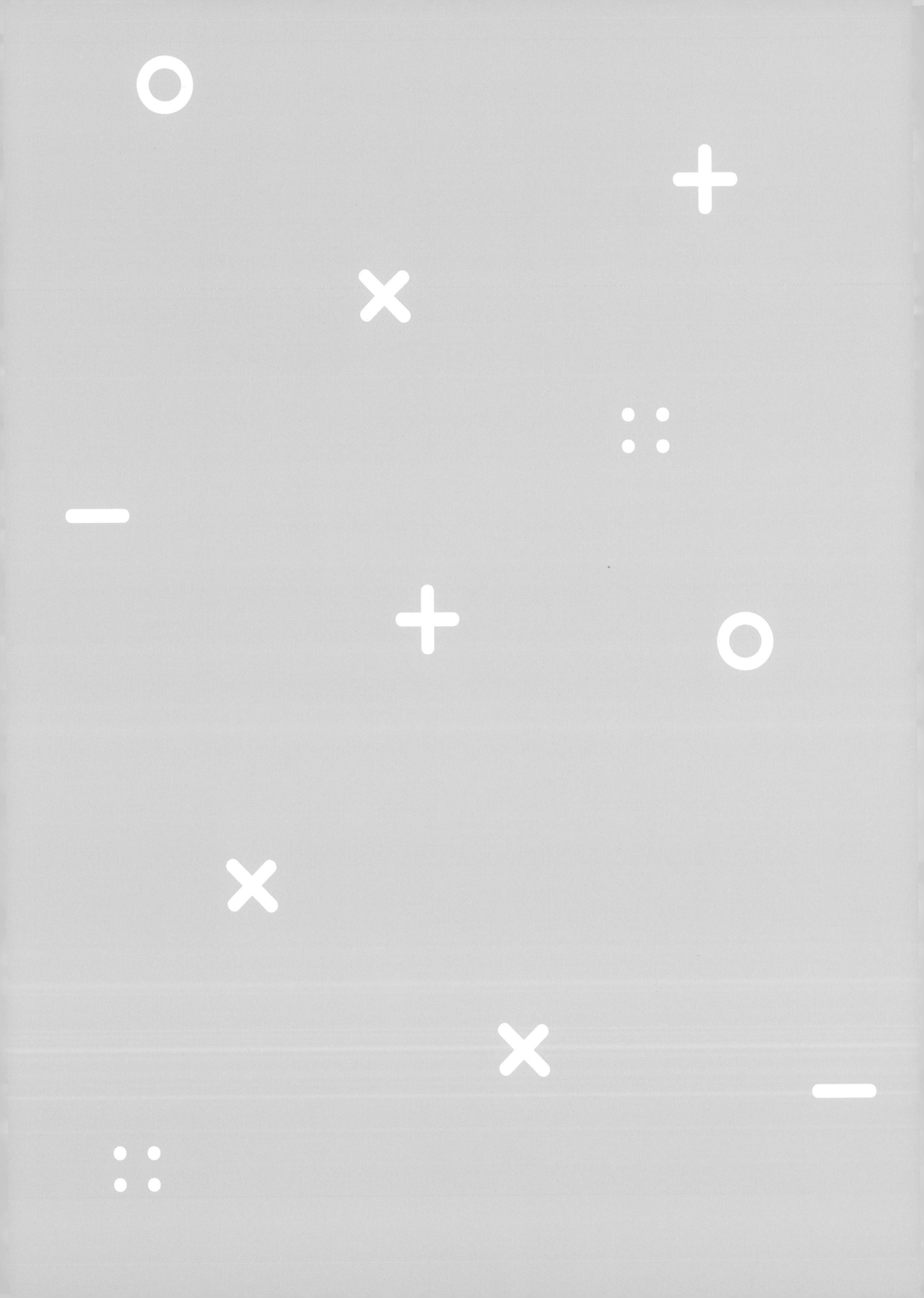